电气二次回路

及其故障分析

DIANQI
ERCI HUILU
JIQI
GUZHANG FENXI

史国生 主编

第二版

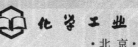

化学工业出版社
·北京·

本书共分七章，主要内容包括电气二次回路概述、互感器二次回路、断路器控制回路、变压器保护的二次回路、母线差动及失灵保护的二次回路、中央信号及其他信号系统、二次回路操作电源系统。

全书内容理论联系实际，由浅入深，通俗易懂，图文并茂，可供从事电气二次回路运行、检修的电工及厂矿企业、电力系统电工和农村电工阅读，也可供电力系统及其自动化和电气技术专业的大、中专学生学习参考。

图书在版编目（CIP）数据

电气二次回路及其故障分析/史国生主编. —2 版.
北京：化学工业出版社，2014.10（2022.3重印）
ISBN 978-7-122-21621-2

Ⅰ.①电… Ⅱ.①史… Ⅲ.①电气回路-二次系统-故障诊断 Ⅳ.①TM645.2

中国版本图书馆 CIP 数据核字（2014）第 189531 号

责任编辑：廉　静　　　　　　　　　文字编辑：徐卿华
责任校对：徐贞珍　　　　　　　　　装帧设计：张　辉

出版发行：化学工业出版社（北京市东城区青年湖南街 13 号　邮政编码 100011）
印　　装：北京虎彩文化传播有限公司
787mm×1092mm　1/16　印张 8¾　字数 194 千字　　2022 年 3 月北京第 2 版第 5 次印刷

购书咨询：010-64518888　　　　　　　售后服务：010-64518899
网　　址：http://www.cip.com.cn
凡购买本书，如有缺损质量问题，本社销售中心负责调换。

定　　价：32.00 元

前　言

电气二次回路的故障和异常会破坏或影响电力系统的正常运行。掌握二次回路的常见故障分析方法对电力系统安全可靠运行有着极其重要的作用，也是电气二次回路运行技术人员确保二次回路安全运行的必备技能。

本书作为电气二次回路运行与常见故障分析的科普基础知识，对第一版的电气二次回路概述、二次回路的互感器二次回路、断路器控制回路、变压器保护、母线差动及失灵保护、中央信号及其他信号系统、操作电源系统及故障分析等内容进行了全面的修订，力求在章节不变的前提下，确保概念准确，图文并茂，联系实际，由浅入深、通俗易懂。

本书第二版由南京师范大学泰州学院电力工程学院史国生老师编审，并负责对第一、二、四、七章进行修订，南京师范大学泰州学院电力工程学院孙红艳老师负责对第三、五、六章进行了修订，全书由史国生统稿。

由于编者水平有限，书中错误和不当之处在所难免，敬请读者批评指正。

编者
2014.8

第一版前言

电力工业的任务是安全、可靠、方便、优质、经济地向社会输送电能，满足国民经济和人民生活的需要，它是现代社会不可或缺的公用事业，是国民经济发展战略中的重点和先行产业。电力工业中用于发电、变电、输电、配电、用电的系统称为电力系统。发电、变电、输电、配电、用电等主设备构成电力系统的主系统，也称一次系统；用于测量、监视、控制、继电保护、安全自动装置、通信以及各种自动化系统等用于保证主系统安全、可靠、稳定运行的设备称为二次设备，由二次设备构成的系统称为辅助系统，也称为二次系统，或叫二次回路。

电气二次回路是发电厂、变配电所安全生产、运行维护的重要组成部分，对电力系统安全、可靠运行有着极其重要的作用。实践证明，技术先进的电气二次回路对电气一次系统进行监测、报警、控制、保护，是快速、准确、可靠地预报和切除故障，使电气一次系统安全、可靠、经济运行的重要保证。

发电厂、变配电所的二次回路内容相当广泛，它包括互感器二次电路、控制系统、信号系统、测量系统、同步系统、保护系统、直流系统等。而在技术领域方面，二次回路在近几十年发生了较大变化，如发电厂、变电所的控制，由最初的单一强电控制发展到今天的强电、弱电、计算机控制多种控制方式并存，其中的控制开关由原来的多触点的万能开关，逐步被结构简单的控制开关或切换开关代替。发电厂、变电所的保护装置也由最初的电磁继电器构成发展到由整流元件、晶体管、集成电路、微型计算机构成。近年来随着计算机技术、通信技术、自动控制技术、电子技术在发电厂、变电所二次回路的应用，以微机为核心，将控制、测量、信号、保护、远动、管理融为一体的功能统一、信息共享的计算机监控及综合自动化系统已广泛应用于发电厂、变配电所，彻底改变了常规二次回路功能独立、设备庞杂、接线及安装调试复杂的局面，使发电厂、变配电所的技术和管理水平大大提高。

本书介绍了一些电气科普基础知识，对常规的二次回路概念、基本读图方法、故障查找方法和步骤作了较系统的介绍，对发电厂、变配电所二次回路的互感器二次回路、断路器控制回路、变压器保护、母线差动及失灵保护、中央信号系统、直流系统及故障分析进行了全面的阐述。力求做到图文并茂、内容新颖、概念准确、联系实际、由浅入深、通俗易懂。

本书由南京师范大学电气与自动化工程学院史国生主编，孙红艳、李波、胡鹏霞老师参加编写，全书由史国生统稿。本书的出版得到了南京师范大学泰州学院的大力支持和关心，在此深表感谢！

由于编者水平和条件有限，书中疏漏和不当之处在所难免，敬请读者批评指正。

编者
2009 年 1 月

目 录
CONTENTS

Chapter 1

第一章　电气二次回路概述 …………………… 1

第一节　电气二次回路的概念 ……………………… 1

一、电气设备的划分原则 …………………………… 1

二、二次回路的重要性 ……………………………… 1

三、二次回路包含的内容 …………………………… 2

第二节　二次回路图的种类及其基本阅读方法 …… 3

一、原理接线图 ……………………………………… 3

二、展开接线图 ……………………………………… 4

三、安装接线图 ……………………………………… 5

四、阅读二次回路图的基本方法 ………………… 7

第三节　二次回路的故障查找的方法和步骤 …… 8

一、二次电气故障的分类 ………………………… 8

二、电气故障的查找与分析方法 ………………… 8

三、故障点的查找手段和方法 …………………… 11

Chapter 2

第二章　互感器二次回路 ………………… 13

第一节　电压互感器二次回路 …………………… 13

一、对电压互感器二次回路的要求 ……………… 13

二、电压互感器的接线方式及适用范围 ………… 14

三、电压互感器二次侧接地 ……………………… 16

四、电压互感器二次回路的短路及保护 ………… 17

五、反馈电压的防范措施 ………………………… 19

六、电压小母线的设置 …………………………… 19

七、电压互感器二次回路的断线信号装置 ……… 19

八、交流电网的绝缘装置 ………………………… 20

九、电压互感器二次电压切换电路 ……………… 21

第二节　电流互感器二次回路 …………………… 23

一、对电流互感器二次回路的要求 ……………… 23

二、电流互感器常用接线方式 …………………… 24

三、电流互感器二次回路的接地保护 …………… 25

四、电流互感器二次回路的其他问题 …………… 25

第三节　互感器回路常见故障查找与处理 ……… 26

一、接线错误引起的电压互感器事故及处理对策 ……… 26

二、停电的电压互感器发生高压触电事故的原因及对策 … 27

三、三相互感器接地点连接错误而烧毁事故处理对策 …… 28

四、电流互感器二次出现多点接地事故的处理对策 …… 29

五、二次绕组短路引起 110kV 电压互感器爆炸事故 …… 30

Chapter 3

第三章 断路器控制回路 ……………… 32

第一节 断路器及控制开关 ……………… 32

一、断路器概述及其控制方式 ……………… 32

二、断路器的操作机构 ……………… 33

三、对断路器控制回路的基本要求 ……………… 34

四、控制开关 ……………… 34

第二节 断路器的基本控制回路 ……………… 37

一、断路器的基本跳、合闸控制回路 ……………… 37

二、断路器的防跳（跳跃闭锁）控制回路 ……………… 38

三、断路器的位置指示 ……………… 39

四、断路器自动跳、合闸的信号回路 ……………… 39

五、断路器控制回路完好性的监视 ……………… 41

第三节 实用的断路器控制回路 ……………… 42

一、灯光监视的断路器控制回路 ……………… 42

二、音响监视的断路器控制回路 ……………… 43

三、灯光监察弹簧操作断路器控制回路 ……………… 45

四、灯光监察液压操作机构操作断路器控制回路 ……… 46

第四节 断路器的运行检查和常见故障处理 ……………… 48

一、运行中巡视检查 ……………… 48

二、常见故障与处理 ……………… 48

三、断路器故障分析实例 ……………… 50

Chapter 4

第四章 变压器保护的二次回路 ……………… 58

第一节 变压器内部气体保护的二次回路 ……………… 58

第二节 变压器外部保护的二次回路 ……………… 59

一、变压器短路的电流速断保护二次回路 ……………… 59

二、变压器的过电流保护二次回路 ……………… 59

三、变压器的零序电流保护及过负荷保护二次回路 …… 61

第三节 三绕组变压器保护装置二次回路分析举例 ……… 62

一、一次接线 ……………… 62

二、继电保护配置 ……………… 62

三、各种保护装置的二次逻辑回路 ……………… 63

第四节 主变压器气体继电器故障分析 ……………… 67

Chapter 5

第五章　母线差动及失灵保护的二次回路 ……… 69

第一节　母线差动保护简述 ……………………………… 69

第二节　单、双母线差动电流保护 …………………………… 69

　一、单母线完全差动电流保护 ………………………… 69

　二、固定连接的双母线差动保护 ……………………… 71

第三节　电流相位比较式母线差动保护 ………………… 73

　一、电流相位比较式母线差动保护的原理 ………… 73

　二、固定连接方式下内、外部故障保护的动作分析 …… 74

　三、固定连接破坏后发生内、外部故障时保护的动作
　　　分析 ……………………………………………………… 75

　四、电流相位比较式母线差动保护的自身保护措施 …… 76

第四节　断路器失灵保护的二次回路 …………………… 77

　一、断路器失灵保护的概述 …………………………… 77

　二、断路器失灵保护的二次回路及动作分析 ……… 77

第五节　35kV母线差动保护端子排烧坏故障实例分析 … 80

　一、故障现象及分析处理 ……………………………… 80

　二、故障结论 ……………………………………………… 82

　三、防范措施 ……………………………………………… 82

第六节　一次设备缺陷引起35kV母线差动保护动作故障
　　　的实例分析 ………………………………………… 83

　一、故障现象及故障分析处理 ………………………… 83

　二、故障结论 ……………………………………………… 84

　三、防范措施 ……………………………………………… 84

Chapter 6

第六章　中央信号及其他信号系统 ………………… 85

第一节　概述 ………………………………………………… 85

　一、信号回路的类型 …………………………………… 85

　二、信号回路的基本要求 ……………………………… 86

第二节　中央事故信号系统 ……………………………… 86

　一、由ZC-23型冲击继电器构成的中央事故信号电路 …… 87

　二、JC-2型冲击继电器构成的中央事故信号电路 ……… 89

　三、由BC-4型冲击继电器构成的中央事故信号电路 … 91

第三节　中央预告信号系统 ……………………………… 94

　一、由ZC-23型冲击继电器构成的中央预告信号电路 …… 94

　二、由JC-2型冲击继电器构成的中央预告信号电路 … 96

　三、由BC-4Y型冲击继电器构成的中央预告信号电路 … 98

第四节　继电保护装置和自动重合闸动作信号 ……… 99

　一、继电保护装置动作信号及复归提醒 …………… 99

　二、自动重合闸装置动作信号 ………………………… 100

第五节　典型回路故障及其分析 ………………………… 100

一、中央信号装置回路短路故障 ·············· 100

二、中央信号系统烧坏蜂鸣器故障分析 ·············· 102

Chapter 7 **第七章　二次回路操作电源系统** ·············· 104

第一节　概述 ·············· 104

一、对操作电源的基本要求 ·············· 104

二、操作电源的分类 ·············· 104

第二节　蓄电池直流系统 ·············· 106

一、蓄电池的容量 ·············· 106

二、蓄电池的直流电源系统及运行方式 ·············· 107

第三节　硅整流电容储能直流电源系统 ·············· 111

一、保证供电可靠性的措施 ·············· 111

二、硅整流电容储能直流系统 ·············· 112

三、储能电容器的检查 ·············· 113

第四节　直流电源系统绝缘监察装置 ·············· 115

第五节　直流操作电源系统常见故障及处理 ·············· 118

一、双蓄电池组直流电源引起综合重合闸不启动故障 ··· 118

二、交直流回路共用控制电缆引起直流系统接地故障 ··· 122

附录一　电气二次接线常用新旧文字符号 ·········· 125

附录二　小母线新旧文字符号及其回路标号 ······ 127

第一章
电气二次回路概述

第一节　电气二次回路的概念

一、电气设备的划分原则

电能的生产、输送、分配和使用，需要大量的、各种类型的电气设备，以构成电力发、输、配的主系统。为了使主系统安全、稳定、连续、可靠地向用户提供充足的、合格的电能，系统的运行方式需经常进行改变，并应随时监察其工况。当某一设备发生故障时，应尽快地、有选择性地切除故障，以保证电力主系统中电气设备的安全运行。这些功能是由电力主系统以外的其他电气设备来完成的。因此，电气设备可根据它们在电力系统中不同的作用，分成一次设备和二次设备。

一次设备是指直接参与发、输、配电能的系统中使用的电气设备，如发电机、变压器、电力电缆、输电线、断路器、隔离开关、电流互感器、电压互感器、避雷器等。由这些设备连接在一起构成电路，称之为一次接线或称主接线。

二次设备是指对一次设备的工况进行监测、控制、调节、保护，以及为运行人员提供运行工况指示信号所需要的电气设备，如测量仪表、继电器、控制及信号器具、自动装置等。这些设备，通常由电流互感器和电压互感器的二次绕组的出线以及直流回路，按一定的要求连接在一起构成电路，称之为二次接线或二次回路。描述二次回路的图纸称为二次接线图或二次回路图。

二、二次回路的重要性

在电力发、输、配的主系统中，为了保证一次设备的安全运行，二次回路中的电气设备正常运行对一次设备的工况进行监测、控制、调节、保护尤为重要。只有一次设备和二次设备构成一个整体，并且二者都处于良好的运行状态，才能保证电力输变的安全。现代化的电网中，二次回路电气设备的重要性更显突出。

二次回路的故障常会破坏或影响主系统安全、稳定的正常运行。例如：若某变电所差动保护的二次回路接线有错误，则当变压器带的负荷较大或发生穿越性相间短路时，就会发生误跳闸，若线路保护接线有错误时，一旦系统发生故障，则会出现断路器该跳闸的不跳闸，不该跳闸的却跳了闸，就会造成设备损坏、电力系统瓦解的大事故；若测量回路有问题，将会影响计量，少收或多收用户的电费，同时也难以判定电能质量是否合格。因此，二次回路虽非主体，但它在保证电力输变中的安全，向用户提供合格的电能等方面都起着极其重要的作用。所以，从事二次回路施工及运行维护的工作人员，不仅要熟悉二次回路的原理，充分理解设计图纸的意图，同时也必须掌握查找二次回路故障的方法要领，确保二次回路的正确，这是用好、管好电力设备、确保电力生产安全的重要环节。

三、二次回路包含的内容

二次回路的内容包括发电厂和变电所对一次设备的控制、调节、继电保护和自动装置、测量和信号回路以及操作电源系统等。

1. 控制回路及其分类

控制回路是由控制开关和控制对象（断路器、隔离开关）的传递机构及执行（或操作）机构组成的。其作用是对一次开关设备进行"跳"、"合"闸操作。控制回路按自动化程度可分为手动和自动控制两种；按控制方式可分为分散控制和集中控制两种。分散控制均为"一对一"控制，集中控制有"一对一"、"一对 N"的选线控制；按操作电源性质可分为直流和交流操作两种；按操作电压和电流大小可分为强电和弱电控制两种。

2. 调节回路

调节回路是指由调节型自动装置构成的回路。它由测量机构、传送机构、调节器和执行机构组成。其作用是根据一次设备运行参数的变化，调节一次设备的工作状态，以满足电力系统运行的要求。

3. 继电保护和自动装置回路

继电保护和自动装置回路是由测量、比较、逻辑判断部分和执行部分组成。其作用是自动判断一次设备的运行状态，在系统发生故障或异常运行时，自动跳开断路器，切除故障或发出故障信号，故障或异常运行状态消失后，快速投入断路器，恢复系统正常运行。

4. 测量回路

测量回路是由各种测量仪表及其相关回路组成。其作用是指示或记录一次设备的运行参数，以便运行人员掌握一次设备运行情况。它是分析电能质量、计算经济指标、了解系统潮流和主设备运行工况的主要依据。

5. 信号回路及信号的分类

信号回路是由信号发送机构、信号传送机构和信号器具构成。其作用是指示或记录一、二次设备的工作状态。信号回路按信号性质可分为事故信号、预告信号、指挥信号和位置信号四种；按信号显示方式可分为灯光信号和音响信号两种；按信号复归方式可分为复归和自动复归两种。

6. 操作电源系统

操作电源系统是由电源设备和供电网络组成的，它包括直流和交流电源系统，其作用是供给上述各回路工作电源。发电厂和变电所的操作电源多采用直流电源系统，简称直流系统，对小型变电所也可采用交流电源或整流电源。

第二节　二次回路图的种类及其基本阅读方法

二次回路图按其不同的绘制方法可以分为三大类，即原理图、展开图、安装接线图。应根据二次回路各部分不同的特点和作用，绘制不同的图。

一、原理接线图

二次接线的原理图是用来表示二次接线各元件的电气连接及其工作原理的电气回路图，是二次回路设计的原始依据。

1. 原理接线图的特点

① 原理接线图是将所有的二次设备以整体的图形表示，并和一次设备画在一起，使整套装置的构成有一个整体的观念，可以清楚地了解各设备间的电气联系和动作原理。

② 所有的仪表、继电器和其他电器，都以国家标准符号的形式绘出。

③ 其相互连接的电流回路、电压回路和直流回路，都综合画在一起。

下面以图 1-1 所示的某一 6～10kV 线路的继电保护装置为例加以说明。

从图 1-1 中可知，整套保护装置包括：时限速断保护（由电流继电器 1KA、2KA，时间继电器 1KT 及信号继电器 1KS，连接片 1XB 所组成），过电流保护（由电流继电器 3KA、4KA，时间继电器 2KT，信号继电器 2KS，连接片 2XB 所组成）。当线路发生 U（A）、V（B）两相短路时，其动作如下。

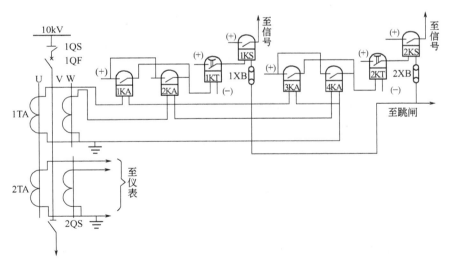

图 1-1　某一 6～10kV 线路保护原理接线

若故障点在时限速断及过流保护的保护范围内，因 U（A）相装有电流互感器 1TA，其二次反映出短路电流，使时限速断保护的电流继电器 1KA 和过电流保护的电流继电器 3KA 均动作。1KA、3KA 的常开触点闭合，使时限速断保护时间继电器 1KT 和电流保护时间继电器 2KT 的线圈均通以直流电源而开始计时，由于时限速断保护的动作时间小于过电流保护的动作时间，所以 1KT 的延时闭合的动合触点先闭合，并经信号继电器

1KS 及连接片 1XB 到断路器 QF 线圈，跳开断路器，切除故障。

由图 1-1 中还可以看出，一次设备（如 QF、TA 等）和二次设备（如 1KA、1KT、1KS 等）都以完整的图形符号表示出来，能对整套继电保护装置的工作原理有一个整体概念。

2. 原理接线图的缺点

① 接线不清楚，没有绘出元件的内部接线。

② 没有元件引出端子的编号和回路编号。

③ 没有绘出直流电源具体从哪组熔断器引来。

④ 没有绘出信号的具体接线，故不便于阅读，更不便于指导施工。

二、展开接线图

二次接线的展开接线图是根据原理接线图绘制的，展开接线图和原理接线图是一种接线的两种形式，如图 1-2 所示。展开接线图可以用来说明二次接线的动作原理，使读者便于了解整个装置的动作程序和工作原理。它一般是以二次回路的每一个独立电源来划分单元而进行编制的。根据这个原则，必须将属于同一个仪表或继电器的电流线圈、电压线圈以及触点，分别画在不同的回路中，为了避免混淆，属于同一个仪表或继电器、触点，都采用相同的文字符号。

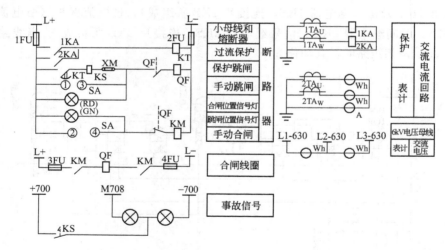

图 1-2　展开接线图

1. 展开图的特点

① 直流母线或交流电压母线用粗实线条表示，以区别于其他回路的联络线。

② 继电器和每一个小的逻辑回路的作用都在展开图的右侧注明。

③ 继电器和各种电气元件的文字符号和相应原理接线图中的文字符号应一致。

④ 继电器的触点和电气元件之间的连接线段都有数字编号（称回路标号）。

⑤ 继电器的文字符号与其本身触点的文字符号相同。

⑥ 各种小母线和辅助小母线都有标号，见附录二。

⑦ 对于展开图中个别的继电器，或该继电器的触点在另一张图中表示，或在其他安

装单位中有表示，都在图纸上说明去向，对任何引进触点或回路也说明来处。

⑧ 直流正极按奇数顺序标号，负极回路则按偶数顺序标号，回路经过元件（如线圈、电阻、电容等）后，其标号也随着改变。

⑨ 常用的回路都是固定的编号，如断路器的跳闸回路是 33，合闸回路是 3 等。

⑩ 交流回路的标号除用三位数外，前面加注文字符号，交流电流回路使用的数字范围是 400～599，电压回路为 600～799；其中个位数字表示不同的回路；十位数字表示互感器的组数（即电流互感器或电压互感器的组数）。回路使用的标号组，要与互感器文字符号前的"数字序号"相对应。如 U（A）相电流互感器 1TA 的回路标号是 U411～U419；U（A）相电压互感器 2TV 的回路标号为 U621～U629。

展开图上凡与屏外有联系的回路编号，均应在端子排图上占据一个位置。单纯看端子排图是看不出究竟的，它仅是一系列的数字和符号的集合，把它与展开图组合起来看，就知道它的连接回路了。

2. 展开图的绘制规律

① 按二次接线图的每个独立电源来绘图。一般分为交流电流回路、交流电压回路、直流回路、继电保护回路和信号回路等几个主要组成部分。

② 同一个电气元件的线圈和触头分别画在所属的回路内，但要采用相同的文字符号标出。若元件不止一个，还需加上数字序号，以示区别。属于同一回路的线圈和触头，按照电流通过的顺序依次从左向右连接，即形成图中的"行"。各行又按照元件动作先后，由上向下垂直排列，各行从左向右阅读，整个展开图从上向下阅读。

③ 在展开接线图的右侧，每一回路均有文字说明，便于阅读。

3. 展开图的阅读要求

① 首先要了解每个电气元件的简单结构及动作原理。

② 图中各电气元件都按国家统一规定的图形符号和文字符号标注，应能熟练掌握其意义。

③ 图上所示电气元件触头位置都是正常状态，即电气元件不通电时触头所处的状态。因此，常开触头是指电气元件不通电时，触头是断开的；常闭触头是指电气元件不通电时，触头是闭合的；另外还要注意，有的触头具有延时动作的性能，如时间继电器，它们的触头动作时，要经过一定的时间才闭合或断开。这种触头的符号与一般瞬时动作的触头符号有区别，读图时要注意区分。

4. 展开图的优点

① 展开图的接线清晰，易于阅读。

② 便于掌握整套继电保护装置的动作过程和工作原理，特别是在复杂的继电保护装置的二次回路中，用展开图绘制，其优点更为突出。

三、安装接线图

安装接线图是制造厂制造屏（台）和现场施工用的图纸，也是运行试验、检修等的主要参考图纸，它是根据展开接线图绘制的。安装接线图一般包括屏面布置图、屏背面接线图和端子排图等几个组成部分。

1. 安装接线图的特点

安装接线图的特点是各电气元件及连接导线都是按照它们的实际图形、实际位置和连接关系绘制的。为了便于施工和检查，所有元件的端子和导线都加上走向标志。

2. 安装接线图的阅读方法和步骤

阅读安装接线图时，应对照展开图，根据展开图阅读顺序，全图从上到下，每行从左到右进行。导线的连接应该用"对面原则"来表示。阅读步骤如下。

① 对照展开图了解由哪些设备组成。

② 看交流回路。每相电流互感器通过电缆连接到端子排试验端子上，其回路编号分别为 U411、V411、W411，并分别接到电流继电器上，构成继电保护交流回路。

③ 看直流回路。控制电源从屏顶直流小母线 L＋、L－经熔断器后，分别引到端子排上，通过端子排与相应仪表连接，构成不同的直流回路。

④ 看信号回路。从屏顶小母线＋700、－700 引到端子排上，通过端子排与信号继电器连接，构成不同的信号回路。

3. 屏面布置图

开关柜的屏面布置图是加工制造屏、盘和安装屏、盘上设备的依据。上面每个元件的排列、布置，都是根据运行操作的合理性，并考虑维护运行和施工的方便而确定的，因此应按照一定的比例进行绘制，如图 1-3 所示。

屏内的二次设备应按国家规定，按一定顺序布置和排列。

① 电器屏上，一般把电流继电器、电压继电器放在屏的最上部，中部放置中间继电器和时间继电器，下部放置调试工作量较大的继电器、压板及试验部件。

② 在控制屏上，一般把电流表、电压表、周波表和功率表等靠屏的最上部，光字牌、指示灯、信号灯和控制开关放在屏的中部。

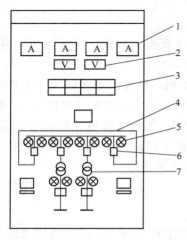

图 1-3　某屏面布置图
1—电流表；2—电压表；3—光字牌；4—一次母线；5—指示灯；6—断路器；7—变压器

4. 屏背面接线图

屏背面接线图是以屏面布置图为基础，并以展开图为依据而绘制成的接线图。它是屏内元件相互连接的配线图纸，标明屏上各元件在屏背面的引出端子间的连接情况，以及屏上元件与端子排的连接情况，如图 1-4 所示。为了配线方便，在这种接线图中，对各设备和端子排一般采用"对面原则"进行编号。

5. 端子排图

（1）端子排的作用

端子是二次接线中不可缺少的配件。虽然屏内电气元件的连线多数是直接相连，但屏内元件与屏外元件之间的连接，以及同一屏内元件接线需要经常断开时，一般是通过端子或电缆来实现。

许多接线端子的组合称为端子排。端子排图是表示屏上需要装设的端子数目、类型、排列次序以及它与屏内元件和屏外设备连接情况的图纸，如图1-5所示。端子排的主要作用如下。

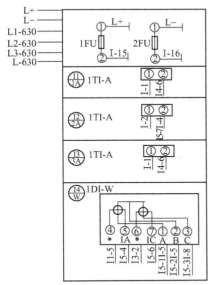

图1-4　某控制屏的屏背面接线图

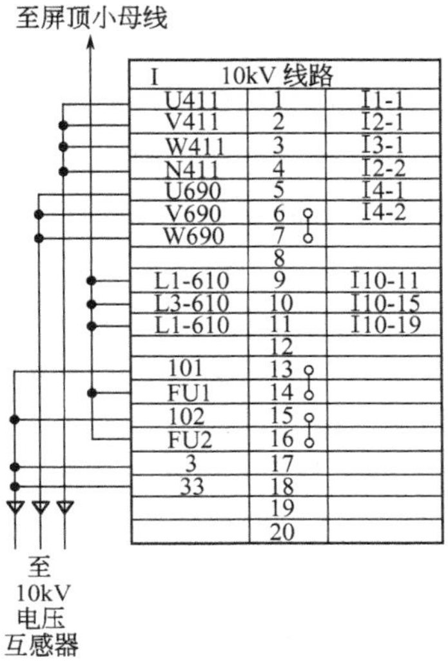

图1-5　端子排图

① 利用端子排可以迅速可靠地将电气元件连接起来。

② 端子排可以减少导线的交叉和便于分出支路。

③ 可以在不断开二次回路的情况下，对某些元件进行试验或检修。

（2）端子排布置原则

每一个安装单位应有独立的端子排。垂直布置时，由上而下；水平布置时，由左至右按下列回路分组顺序地排列。

① 交流电流回路（不包括自动调整励磁装置的电流回路），按每组电流互感器分组。同一保护方式的电流回路一般排在一起。

② 交流电压回路，按每组电压互感器分组。同一保护方式的电压回路一般排在一起，其中又按数字大小排列，再按 U、V、W、N、L（A、B、C、N、L）排列。

③ 信号回路，按预告、指挥、位置及事故信号分组。

④ 控制回路，其中又按各组熔断器分组。

⑤ 其他回路，其中又按远动装置、励磁保护、自动调整励磁装置电流电压回路、远方调整及联锁回路分组。每一回路又按极性、编号和相序顺序排列。

⑥ 转接回路，先排列本安装单位的转接端子，再安装别的安装单位的转接端子。

四、阅读二次回路图的基本方法

二次接线的最大特点是其设备、元件的动作严格按照设计的先后顺序进行，逻辑性很强，看图时若能抓住此规律就很容易看懂。阅图前首先应弄懂该张图纸所绘制的继电保护装置的动作原理、功能以及图纸上所标符号代表的设备名称，然后再看图纸。其基本方法如下。

① 先交流，后直流　一般来说，交流回路比较简单，容易看懂，因此可先阅读二次接线图中的交流回路，把交流回路看完弄懂后，根据交流回路的电气量以及在系统中发生故障时这些电气量的变化特点，向直流逻辑回路推断，再看看直流回路。

② 交流看电源，直流找线圈　这一点是指交流回路要从电源入手。交流回路由电流回路和电压回路两部分组成，先找出它们是由哪些电流互感器或哪一组电压互感器构成的，由两种互感器中传变的电流或电压量起什么作用，与直流回路有什么关系？这些电气量是由哪些继电器反映出来的，它们的符号是什么，然后再找与其相应的触点回路。这样就把每组电流互感器或电压互感器的二次回路中所接的每个继电器一个个地分析完，在头脑中有个轮廓，再往后就容易看了。

③ 抓住触点不放松，一个一个全查　就是说，找到继电器的线圈后，再找出与之相应的触点。根据触点的闭合或断开引起回路变化的情况，再进一步分析，直至查清整个逻辑回路的动作过程。

④ 先上后下，从左向右，屏外设备一个不漏　可理解为：一次接线的母线在上而负荷在下；在二次接线的展开图中，交流回路的互感器二次侧线圈（即电源）在上，其负载线圈在下；直流回路正电源在上，负电源在下，驱动触点在上，被启动的线圈在下；端子排图、屏背面接线图一般也是由上到下；单元设备编号则一般是按由左至右的顺序排列的。

第三节　二次回路的故障查找的方法和步骤

一、二次电气故障的分类

二次故障的种类繁多，在排除故障前应先弄清故障的种类，确定故障出现的范围，方可进一步确定排除方法。只有这样才能准确无误地排除故障，设备才能尽早恢复正常。根据二次电气故障的构成特点，常见的电气故障有电源故障、电路故障、设备和元件故障。电源故障主要表现为电源的缺相、电源接线错误等；电路故障主要指断路、短路、短接、接地以及线路错误等；设备和元件故障主要指由于温度过热造成元件、设备烧毁、机械故障、电气击穿以及元件、设备的性能变劣等。

二次故障的具体分类如图 1-6 所示。

二、电气故障的查找与分析方法

1. 观察和调查故障现象

电气二次故障现象是多种多样的，例如，同一类故障可能有不同故障现象，不同类的故障可能是同种故障现象，这种故障现象的同一性和多样性，给查找故障带来了复杂性。但是，故障现象是查找电气故障的基本依据，是查电气故障的起点，因而要对故障现象仔细观察分析，找出故障现象的最主要的、最典型的方面，把故障缩小到最小范围内，搞清故障发生的时间、地点、环境等。

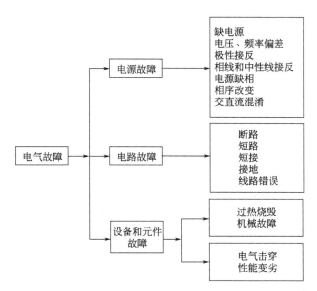

图 1-6　电气故障的分类

例如，某断路器上所配 CT19 机构的储能电机不能运转。这里，不运转是故障最基本的表现形式，但从查找故障出发，还应了解是否属于下列情况。

① 电机是否安装后第一次使用。

② 电机工作过很长时间，在此之前一直正常。

③ 电机和断路器是经过修理或保养后第一次使用。

④ 电机更换电源后第一次使用。

⑤ 电机改接线路后第一次使用。

⑥ 更换控制开关后电机第一次使用。

⑦ 电机根本没有启动起来。

⑧ 电机未完成储能动作就突然停止了运转。

⑨ 环境情况与以往不同。

⑩ 操作人员是第一次操作。

显然，区分以上这些不同的情况，对查找这一故障是十分必要的。

2. 分析故障原因

根据故障现象分析故障原因，是查找电气故障的关键。分析的基础是电工基本理论，是对电气装置的构造、原理、性能的充分了解。某一电气故障产生的原因可能很多，重要的是在众多原因中找出最主要的原因。

例如，在上述实例中的电机出现了不能运转的故障，其原因可能是电源方面的，电路接线方面的，电机本身方面的或机械和负载等方面的。在这些原因中，到底是哪个方面的原因使电机不能运转，还要经过更深入、更详细的分析。例如，电机是第一次使用，就应从电源、电路、电机和负载多方面进行检查分析；如果电机是经过修理后第一次使用，就应着手于电机本身的检查分析。如果电机储能动作不到位就突然停止运转，就应从电源及控制元件等方面进行检查分析。经过以上过程分析，进而确定电机故障的比较具体的原因。

在分析二次故障时，常常需要用到以下这些方法。

（1）状态分析法

这是一种发生故障时，根据电气装置所处的状态进行分析的方法。电气装置的运行过程总是可以分解成若干个连续的阶段，这些阶段也可称为状态，如电机的工作过程可以分解成启动、运转、正转、反转、高速、低速、制动、停止等工作状态。电气故障总是发生于某一状态，而在这一状态中，各种元件又处于什么状态，这正是分析二次故障的重要依据。例如图 1-7 所示当电动机启动时，哪些元件工作，哪些触点闭合，只需注意这些元件的工作状态是否正常，就可以查找到电动机启动故障的原因了。

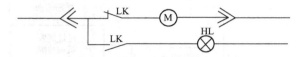

图 1-7　电机储能回路原理图

（2）图形分析法

电气图是用以描述电气装置的构成、原理、功能，提供安装接线和使用维修信息的依据。分析电气故障必然要使用各类电气图，根据故障情况，从图形上进行分析，这就是图形分析法。

电气图种类很多，如原理图、构造图、系统图、接线图、位置图等。分析电气故障时，常常要对各种图进行分析，并且要掌握各种图之间的关系，如施工中使用的二次接线图与原理图的关系是否对应等。

（3）单元分析法

一个电气装置总是由若干个单元构成的，每一个单元具有某一特定的功能。从一定意义上讲，电气故障意味着某功能的丧失，由此可判定故障发生的单元。分析电气故障就应将装置划分为若干个单元（通常是按功能划分），进而确定故障的范围。这就是单元分析法。

（4）回路分析法

电路中任一闭合的路径称为回路。回路是构成电气装置电路的基本单元，分析电气二次故障，尤其是分析电路断路、短路故障，常常需要找出回路中元件、导线及其连接方式，以此推断或确定故障的可能原因和具体部位，这就是回路分析法。

（5）推理分析法

电气装置中各组成功能都有其内在的联系。例如连接顺序、动作顺序、电流流向、电压分配等都有其特定的规律。因而，某一部件、组件、元件的故障必然影响其他部分，表现出某一特有的故障现象。在分析二次故障时，常常需要从这一故障联系到对其他部分的影响，或由某一故障现象找出故障的根源，这一过程就是逻辑推理过程，也就是推理分析法。推理分析法又分为顺推理法和逆推理法。

（6）简化分析法

电气装置的组成部件、元件，虽然都是必需的，但从不同的角度去分析，可以划分出主要的部件、元件和次要的部件、元件。分析电气二次故障就是要根据具体情况，注重分析主要的、核心的、本质的部件、元件。这种方法称为简化分析法。

例如，某 ZN28-12 断路器在使用中可以正常合闸，但不能进行分闸。分析这一故障时，就可将合闸有关的控制部分删去，简化成只对分闸控制的电路进行故障分析。

（7）树形分析法

电气装置的各种故障存在着许多内在的联系，例如，某装置故障"1"可能是由于故障"2"引起的，故障"2"可能是由于故障"3"、"4"引起的，故障"3"又可能是……如果将这种故障按一定顺序排列起来，则形似一棵树，有根、有干、有枝、有叶，被称为故障树，如图1-8所示。

根据故障树分析电气二次故障，在某些情况下更显得条理分明，脉络清晰。这也是常用的一种故障分析方法。

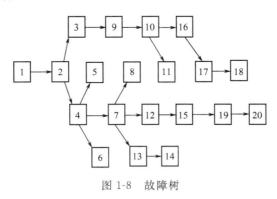

图1-8 故障树

三、故障点的查找手段和方法

前面主要讲述了二次回路故障点的分析方法，而确定故障部位是查找电气故障的最终目的和结果。确定故障部位可理解成确定装置的故障点，如短路点、元件损坏的部位，也可理解成确定某些运行参数的变异，如电压波动、三相不平衡等。

确定故障部位是在对故障现象进行周密的考察和细致分析的基础上进行的。在这一过程中，往往采用多种手段和方法。

1. 直接感知

有些电气故障可以通过人的手、眼、鼻、耳等器官，采用摸、看、闻、听等手段，直接感知故障设备异常的升温、振动、气味、响声等，确定设备的故障部位。

2. 仪器检测

若许多电气故障不能靠人的直接感知来确定部位，可借助各种仪器、仪表，对故障设备的电压、电流、功率、频率、阻抗、绝缘值、温度、转速参数等进行测量来确定故障部位。例如，通过测量绝缘电阻、吸收比、介质损耗等，来判定设备电气绝缘系统是否受潮。通过直流电阻的测量，确定长距离线路的短路点、接地点等。

3. 类比法

有些情况下，可采用与同类完好设备进行比较来确定故障的方法。例如，一个线圈是否存在匝间短路，可通过测量线圈的直流电阻来判定。但在用户现场有时很难判定直流电阻多大才是完好的。这时可以与一个同类型且完好的线圈的直流电阻值进行比较来判别。

又如，某装置中的一个电容是否损坏（电容值变化）无法判别，可以用一个同类型的完好的电容器替换，如果设备回路恢复正常，则故障部位就是这个电容。

4. 试探法

在确保设备安全的情况下，可以通过一些试探的方法确定故障部位。例如通电试探或强行使某继电器动作等，以发现和确定故障部位。

第二章

互感器二次回路

互感器可以分为电压互感器 TV 和电流互感器 TA，是电力系统中一次回路和二次回路之间的联络设备。它们分别将一次回路的高电压、大电流变换为所需的低电压、小电流给测量仪表、远动装置、继电保护和自动装置等，实现一、二次回路电气安全隔离，检测电力系统电压和电流的变化情况。

互感器的作用如下。

① 变换作用　将一次回路的高电压和大电流变为二次回路标准的低电压（即额定电压 100V）和小电流（即额定电流 5A 和 1A），使测量仪表和保护装置标准化、小型化。

② 电气隔离作用　将二次设备与一次相隔离，且互感器均接地，既保证了设备和人身安全，又使接线灵活、安全、方便，维修时不必中断一次设备的运行。

互感器的接入方式如下。

① 电压互感器　它的一次绕组以并联形式接入一次回路；二次绕组回路以并联形式接测量仪表、远动装置、继电保护和自动装置等负荷。

② 电流互感器　它的一次绕组以串联形式接入一次回路；二次绕组回路以串联形式接测量仪表、远动装置、继电保护和自动装置的电流线圈等负荷。

本章将分别介绍电压互感器和电流互感器的极性、接线方式和二次回路中的有关技术问题。

第一节　电压互感器二次回路

一、对电压互感器二次回路的要求

电压互感器二次回路应满足以下要求。

① 电压互感器的接线方式应满足测量仪表、远动装置、继电保护和自动装置等检测回路的具体要求。

② 应有一个可靠的安全接地点。

③ 应设置短路保护。

④ 应有防止从二次回路向一次回路反馈电压的措施。

⑤ 对于双母线上的电压互感器，应有可靠的二次切换回路。

二、电压互感器的接线方式及适用范围

由于测量仪表、运动装置、继电保护和自动装置等二次负载对要求接入的电压不同，电压互感器应采用不同的接线方式，以满足对电压的具体要求。下面介绍电压互感器的几种常用接线方式。

1. 一个单相电压互感器接线方式

图 2-1 所示为一台单相电压互感器的接线方式。图中，一次侧接在 UV 两相间，所以二次侧反映的是 UV 线电压。这种接线方式可应用于单相或三相系统中，可根据需要接任一线电压。此种接线，电压互感器一次侧不能接地，二次绕组应有一端接地。一次绕组为线电压，二次绕组额定电压为 100V。

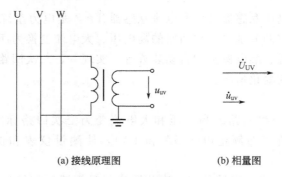

(a) 接线原理图   (b) 相量图

图 2-1　单相电压互感器的接线方式

2. 两个单相电压互感器构成的 V-V 形接线方式

两台单相电压互感器接成 V-V 接线方式，如图 2-2 所示。这两个单相电压互感器分别接在线电压上 U_{UV} 和 U_{VW} 上。此种接线，互感器一次绕组不能接地，二次绕组 v 相接地。这种接线只能得到线电压和相对系统中性点的相电压，不能得到相对地的相电压。二次绕组额定电压 100V。

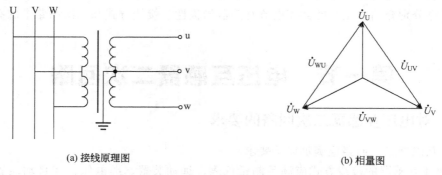

(a) 接线原理图   (b) 相量图

图 2-2　两个单相电压互感器的 V-V 形接线方式

这种接线方式适用于中性点不接地或经消弧线圈接地的系统中。它的优点是既可以节省一台单相电压互感器，又可减少系统中的对地励磁电流，避免产生过电压。

3. 三个单相电压互感器的星形连接方式

由三个单相电压互感器构成的星形连接方式如图 2-3 所示。电压互感器一次绕组和主

二次绕组都接成星形，且两侧中性点都是直接接地的，主二次绕组引出一根中性线，辅助二次绕组接成开口三角形。电压互感器在中性点直接接地的系统中，这种接线可以接入相电压或线电压；电压互感器在中性点非直接接地或经消弧线圈接地的系统，可用来接入线电压和供绝缘监视用的零序电压，但不能用来接入对相电压精密测量的表计。电压互感器主二次绕组额定电压为 $100/\sqrt{3}$ V。电压互感器辅助二次绕组，对于中性点直接接地系统，额定电压为 100V；对于中性点非直接接地或消弧线圈接地系统，额定电压为 100/3V。

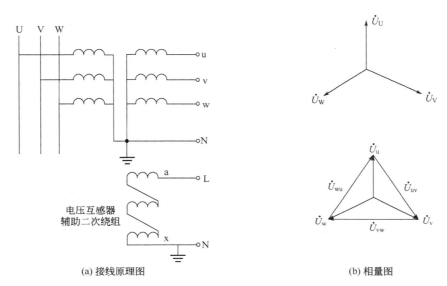

图 2-3　三个单相电压互感器构成的星形接线方式

4. 三相三柱式电压互感器的星形接线方式

三相三柱式电压互感器的星形接线方式如图 2-4 所示。这种接线方式可以接入线电压和相电压，通常应用在中性点非直接接地或消弧线圈接地的电网中。必须注意，其一次绕组的中性点是不允许接地的。二次绕组额定电压为 $100/\sqrt{3}$ V。

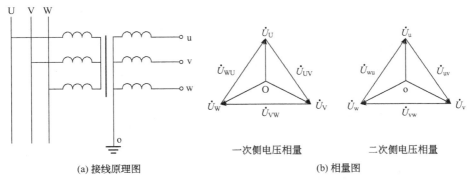

图 2-4　三相三柱式电压互感器构成的星形接线方式

5. 三相五柱式电压互感器的接线方式

三相五柱式电压互感器的接线方式如图 2-5 所示。电压互感器主二次绕组（Ⅱ）可以

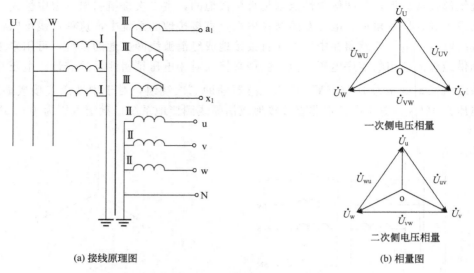

(a) 接线原理图　　　　　　　　　　　　　　(b) 相量图

图 2-5　三相五柱式电压互感器的接线方式

接入线电压和相电压，辅助二次绕组（Ⅲ）可接入交流电网绝缘监视用的继电器和信号指示器。电压互感器主二次绕组额定电压为 $100/\sqrt{3}\text{V}$，辅助二次绕组电压按 $100/3\text{V}$ 设计。

三、电压互感器二次侧接地

由于电压互感器具有电气隔离作用，在正常情况下，一次绕组和二次绕组之间是绝缘的。但当一次绕组与二次绕组间的绝缘损坏后，一次侧高电压串入二次侧，将危及人身安全和设备安全，所以，电压互感器的二次侧必须设置接地点，这种接地通常称为安全接地。

电压互感器二次侧的接地方式有 V 相接地和中性点接地两种。

1. 电压互感器 V 相接地

V 相接地的电压互感器二次电路如图 2-6 所示。接地点设在电压互感器 V 相，并设在熔断器 FU2 后，以保证在电压互感器二次侧中性线上发生接地故障时，FU2 对 V 相绕组起保护作用。但是接地点设在 FU2 之后也有缺点，当熔断器 FU2 熔断后，电压互感器二次绕组将失去安全接地点。为防止在这种情况下，有高电压侵入二次侧，在二次侧中性点与地之间装设一个击穿保险器 F。击穿保险器实际上是一个放电间隙，当二次侧中性点对地电压超过一定数值后，间隙被击穿，变为一个新的安全接地点。电压值恢复正常后，击穿保险器自动复归，处于开路状态。正常运行时中性点对地电压等于零（或很小），击穿保险器处于开路状态，对电压互感器二次回路的工作无任何影响，是一个后备的安全接地点。

2. 电压互感器的中性点接地

中性点接地的电压互感器二次电路如图 2-7 所示，星形接线的中性点与地直接相连，中性点电位为零。

对于变电所的电压互感器、110kV 及以上系统的电压互感器二次侧一般采用中性点

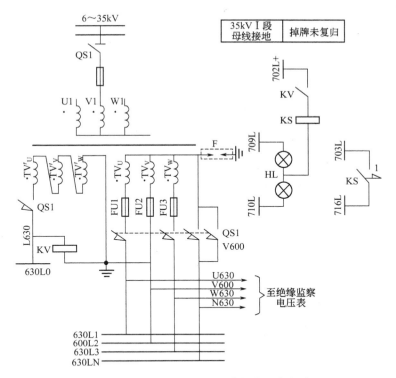

图 2-6　V 相接地的电压互感器的二次电路

接地（也称零相接地）；发电厂的电压互感器（35kV 以下）多采用 V 相接地。一般电压互感器在配电装置端子箱内经端子排接地。

四、电压互感器二次回路的短路及保护

1. 设置短路保护的原因

电压互感器实际上是一个小型的降压变压器，互感器二次侧接的负载对一次侧电压无影响（因为吸收功率很微小），故一次侧相当于接了一个恒压源。另外，电压互感器二次侧接的负载（电压线圈等）阻抗很大，二次电流很小，相当于变压器的空载状态，故二次电压基本上等于二次电动势，且决定于一次电压值。对于二次回路来讲，电压互感器相当于一个取决于一次电压的电压源。当二次回路发生短路故障时，会产生很大的短路电流，将损坏二次绕组，危及二次设备和人身安全，所以，电压互感器二次回路不允许短路，同时必须在二次侧装设短路保护设备。

2. 保护设备

电压互感器二次回路的短路保护设备有熔断器和自动开关两种。采用哪种保护主要取决于二次回路所接的继电保护和自动装置的特性。当电压互感器二次回路故障不会引起继电保护和自动装置误动作的情况下，应首先采用简单方便的熔断器作为短路保护。当有可能造成继电保护和自动装置不正确动作的场合，应采用自动开关作为短路保护，以便在切除短路故障的同时，也闭锁有关的继电保护和自动装置。

35kV 及以下电压等级的电网是中性点非直接接地的系统，一般不装有距离保护。即

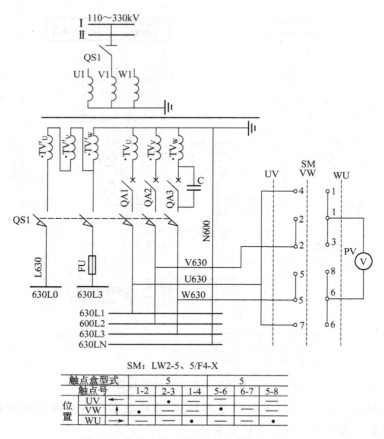

SM：LW2-5、5/F4-X

触点盒型式	5			5		
触点号	1-2	2-3	1-4	5-6	6-7	5-8
位置 UV ←	—	•	—	—	•	—
VW ↑	•	—	—	—	—	•
WU →	—	—	•	•	—	—

图 2-7　中性点接地的电压互感器二次电路

使二次回路末端发生短路，熔断器熔断较慢，也无距离保护误动作的问题。因此，35kV及以下的电压互感器宜采用快速熔断器作为短路保护。

110kV 及以上电压等级的电网是中性点直接接地的系统，一般装有距离保护。如果在远离电压互感器的二次回路上发生短路故障，由于二次回路阻抗较大，短路电流较小，则熔断器不能快速熔断，但在短路点附近电压比较低或等于零，可能引起距离保护的误动作。所以，对于 110kV 及以上电压互感器多采用自动开关作为其短路保护设备。

新型的距离保护装置一般都具有性能良好的电压回路断线闭锁装置。有些运行现场在接有距离保护的电压回路也采用了熔断器作为电压回路的短路保护，运行情况良好。

3. 保护设备的配置

电压互感器二次绕组各相引出端和辅助二次绕组（开口三角形绕组）的试验芯上应配置保护用的熔断器或自动开关，如图 2-6 和图 2-7 所示。熔断器或自动开关应尽可能靠近二次绕组的出口处装设，以减少保护死区。保护设备通常安装在电压互感器端子箱内，端子箱应尽可能靠近电压互感器布置。

在电压互感器中性线和辅助二次绕组回路中，均不装设保护设备。因为正常运行时，在中性线和辅助二次绕组回路中，没有电压或只有很小的不平衡电压，即使发生短路故障，也只有很小的电流产生；同时，此回路也难以实现对熔断器和自动开关的监视。

分支电压回路中的短路保护需要根据分支电压回路性质进行配置。在引到继电保护和自动装置的分支电压回路上，为提高继电保护和自动装置工作的可靠性，减少电压回路断开的概率，不装设分支熔断器或自动开关；在测量仪表的分支电压回路上，可装设熔断器和自动开关作为保护和回路断开之用，一般布置在控制屏或电度表屏。分支回路的保护设备与主回路的保护设备在动作时限上应配合，以便保证在测量回路上发生短路故障时，首先断开分支回路。

对主回路和分支回路的熔断器和自动开关都应设有监视措施，当这些保护设备动作断开电路回路时，应发出预告信号。

五、反馈电压的防范措施

在电压互感器停用或检修时，既需要断开电压互感器一次侧隔离开关，同时也要切断电压互感器二次回路，否则，有可能二次侧向一次侧反送电，即反馈电压，在一次侧引起高电压，造成人身和设备事故。例如，双母线的电压互感器，一组电压互感器工作，另一组电压互感器停用或检修，可能造成检修的电压互感器反充电；在检修的电压互感器二次回路加电压进行试验等工作，会产生反馈电压。因此，在电压互感器二次回路必须采取技术措施防止反馈电压的产生。

对于 V 相接地的电压互感器，除接地的 V 相外，其他各相引出端都由该电压互感器隔离开关 QS1 辅助常开触点控制，如图 2-6 所示。从图中可看出，当电压互感器停电检修时，断开一次侧隔离开关 QS1 的同时，二次回路也自动断开。中性线采用了 2 对辅助触点 QS1 并联，是为了避免隔离开关辅助触点接触不良，造成中性线断开（因为中性线上的触点接触不良难以发现）。

对于中性点接地的电压互感器，除接地的中性线外，其他各相引出端都串联了该电压互感器隔离开关 QS1 辅助常开触点，如图 2-7 所示。

六、电压小母线的设置

母线上的电压互感器是同一母线上的所有电气元件（发电机、变压器、线路等）的公用设备。为了减少联系电缆，设置了电压小母线，对于 V 相接地的电压互感器设为：630L1、600L2、630L3、630LN 和 630L0，如图 2-6 所示；对于中性点接地的电压互感器设为：630L1、600L2、630L3、630LN、630L0 和 630L3，如图 2-7 所示。图 2-6 和图 2-7 中只标出了 I 组母线，回路标号为"630"，对于 II 组，回路标号为"640"。

电压互感器二次引出端最终引到电压小母线上，而这组母线上的各电气元件（测量仪表、远动装置、继电保护及自动装置等）所需的二次电压均从小母线取得。根据具体情况，电压小母线可布置在配电装置内或布置在保护和控制屏顶部。

七、电压互感器二次回路的断线信号装置

110kV 及以上电压等级的电力系统配置有距离保护。当电压互感器二次短路保护设备断开或二次回路断线，与其相连的距离保护可能误动作。虽然距离保护装置本身的振荡闭锁回路可兼作电压回路断线闭锁之用，但是为了避免在电压回路断线情况下，又发生外部故障造成距离保护无选择性动作，或者使其他继电保护和自动装置不正确动作，一般还

需要装设电压回路断线信号装置，在保护设备断开或二次回路断线时，发生断线信号，以便运行人员及时发现并处理故障。

电压回路断线信号装置的类型很多，现场多采用按零序电压远离构成的电压回路断线信号装置，如图 2-8 所示。该信号装置由星形连接的三个电容器 C1、C2、C3，断线信号继电器 K，电容 C0 和电阻 R0 组成。断线信号继电器 K 有两个线圈，其工作线圈 L1 接于电容中性点 N′ 和电压互感器二次回路中性点 N 的回路中，另一线圈 L2 接于电压互感器辅助二次绕组回路中。

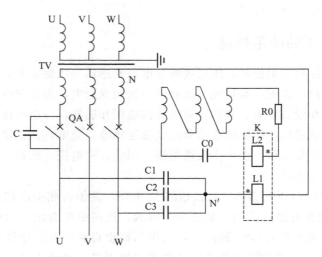

图 2-8　电压回路断线信号装置电路

正常运行时，由于 N′ 和 N 之间无零序电压，而辅助二次回路电压也等于零，所以断线信号继电器 K 不动作。

当电压互感器二次回路发生一相或两相断线时，由于 N′ 和 N 之间出现零序电压而辅助二次回路仍无电压，所以断线信号继电器 K 动作，发出断线信号。

当电压互感器二次回路发生三相断线时，虽然在 N′ 和 N 之间会出现零序电压，断线信号继电器 K 却不动作，即不发生断线信号，这种情况是不允许的。为此，可在三相熔断器或三相自动开关的某一相上并联电容 C，如图 2-8 所示。当三相同时断开时，电容 C 仍串接在某一相电路中，N′ 和 N 之间的零序电压使断线信号继电器 K 动作，发出断线信号。

当一次系统发生接地故障时，不但 N′ 和 N 之间会出现零序电压，同时在辅助二次绕组回路中也会出现零序电压 $3U_0$，此时断线信号继电器 K 的 2 个线圈 L1、L2 所产生的零序按匝数大小相等、方向相反，合成磁通等于零，K 不动作。

八、交流电网的绝缘装置

中性点不直接接地的电力系统，当发生单相接地短路故障时，由于短路电流很小，且三个线电压仍对称，不会影响到负载的正常工作，故允许系统持续运行一定时间，保护动作无需让断路器跳闸，即不切断供电系统。但此时，保护必须发出预告信号，通知运行人员及时查找故障点及故障原因，并迅速消除故障，以免发展成相间短路故障。所以，在中性点不直接接地的电力系统中电压互感器二次回路必须设置交流电网的绝缘监察装置。

在图 2-6 中，绝缘监察装置由绝缘监察继电器（电压监察继电器）KV、信号监察继电器 KS 和光字牌 HL 等组成。交流电网正常运行时，电压互感器的辅助二次绕组的开口电压很小（不平衡电压），KV 不动作。当交流电网发生单相金属性接地故障时，辅助二次绕组的开口电压为 100V，使 KV 动作，其常开触点闭合，接通光字牌 HL 回路，显示"第 I 组母线接地"字样，并发出预告信号，同时启动信号继电器 KS，KS 动作后掉牌落下，将 KV 动作记录下来，并点亮"掉牌未复归"光字牌。

上述绝缘监察装置只能发出接地故障的音响信号和灯光信号，但不能指出哪一相发生接地故障。为判别故障相，便于查找故障点，在变电所的中央信号屏上还装有三个接于相电压的绝缘监察电压表（图 2-6 中没有表示出来）。

对于中性点直接接地的电力系统，当发生单相接地故障时，保护动作使断路器跳闸，切除接地故障，故该系统的电压互感器二次回路不装设绝缘监察装置，而是通过切换开关 SM 和电压表 PV 选测三相线电压，如图 2-7 所示。

九、电压互感器二次电压切换电路

电压互感器二次电压的切换有两种情况：①双母线二次电压的切换；②互为备用的电压互感器二次电压的切换。

1. 双母线二次电压的切换

对于双母线上所连接的各电气原件，其测量仪表、远动装置等所需的二次电压是由母线的电压互感器供给的。其二次电压应随同一次回路进行切换，即电气元件的一次回路连接在哪组母线上，其二次电压也应由该母线上的电压互感器供给，否则，可能出现与一次回路不对应的情况。所以电压互感器应具有二次电压切换回路。其切换有两种方式。

（1）利用隔离开关辅助触点和中间继电器实现切换

这种切换方式的电路如图 2-9 所示，图中只画出了两组电压互感器为 TV1、TV2，两组电压小母线（回路标号分别为"630"、"640"），采用中间继电器 K1、K2 进行切换。这种切换方式是利用隔离开关辅助触点 QS1 和 QS2 控制中间继电器 K1、K2，使其常开辅助触点进行切换。若馈线原运行在 I 母线上，QS1 闭合、QS2 断开，K1 的常开辅助触点

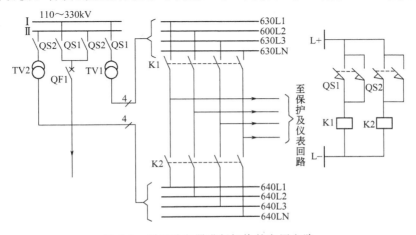

图 2-9　利用继电器进行切换的电压电路

闭合、K2 辅助触点断开，保护及仪表等回路的二次电压由母线Ⅰ的电压互感器 TV1 供给。当需要将馈线从Ⅰ母线切换到Ⅱ母线运行时，QS2 闭合、QS1 断开，K2 动作、K1 断开，馈线的保护及仪表等二次回路由Ⅰ母线的 TV1 供电自动切换为Ⅱ母线的 TV2 供电。

（2）利用隔离开关辅助触点实现直接切换

这种切换方式的电路如图 2-10 所示。电压互感器二次电压由隔离开关 QS3、QS4 的辅助触点引至对应的电压母线上，保护及仪表等回路的二次电压由电压小母线分别经隔离开关 QS1、QS2 的常开辅助触点引出。当进行馈线倒母线操作时，二次电压回路随之进行切换。这种切换电路一般只用在 35kV 及以下的室内配电装置。

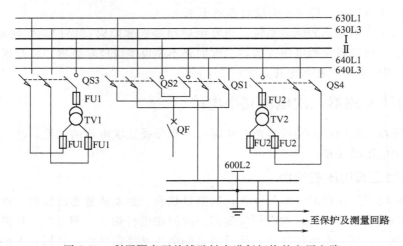

图 2-10　利用隔离开关辅助触点进行切换的电压电路

2. 互为备用的电压互感器二次电压的切换

双母线或单母线分段中，每组（段）母线用的电压互感器应互为备用，以便其中一组（段）母线上的电压互感器停用时，保证其二次电压小母线的电压不间断。所以电压互感器应具有互为备用的二次电压切换回路，其切换操作必须在母线断路器或分段断路器处于合闸状态时才能进行。

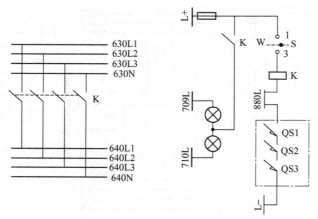

图 2-11　电压互感器互为备用的切换电路

互为备用的电压互感器二次电压切换有手动控制和自动控制两种。手动控制是利用控制开关和中间继电器实现的；自动控制是利用母联（或分段）断路器和隔离开关的辅助触点实现的。切换后应能发出预告信号。

图 2-11 所示电路是由手动控制开关 S 和中间继电器 K 实现的手动控制方式。880L 为母联隔离开关操作闭锁小母线，在母联断路器为合闸状态（即母联断路器、母联隔离开关闭合）时，880L 接通负电源。当转换开关 S 为 "W" 位置，触点 1 与 3 接通，继电器 K 启动，其常开触点闭合，接通两组电压互感器二次电压回路，实现电压互感器的互为备用。与此同时，点亮对应光字牌，显示 "电压互感器切换" 字样。

第二节　电流互感器二次回路

一、对电流互感器二次回路的要求

电流互感器二次回路应满足以下要求。

① 电流互感器的接线方式应满足测量仪表、远动装置、继电保护和自动装置检测回路的具体要求。

② 应有一个可靠的接地点。但不允许有多个接地点，否则会使继电保护拒绝动作或仪表测量不准确。

③ 当电流互感器二次回路需要切换时，应采取防止二次回路开路的措施。

④ 为保证电流互感器能在要求的准确级下运行，其二次负载不应大于允许值。

⑤ 保证极性连接正确。

电流互感器如同电压互感器一样，为防止电流互感器一、二次绕组之间绝缘损坏而被击穿时高电压侵入二次回路危及人身和二次设备安全，在电流互感器二次侧必须有一个可靠的接地点。

电流互感器实际上是一种变流器。在正常运行情况下，当一次侧输入额定电流时，二次输出电流也是额定值（5A 或 1A）。串接于二次回路的负载可以是测量仪表、远动装置、继电保护和自动装置的电流线圈，由于它们的负载阻抗很小，二次绕组的端电压（对地电压）很低，接近于短路状态。一旦二次回路出现开路故障，二次电流等于零，二次电流的去磁作用立即消失，一次电流就完全变成励磁电流，此电流会增大数十倍，使磁路中的磁通量突然增大，这将会在二次绕组两端感应出数百伏至数千伏的高压电，对二次设备和人身安全造成很大的威胁。因此，运行中的电流互感器严禁二次回路开路。防止二次侧开路的措施，通常有以下几种。

① 电流互感器二次回路不允许装设熔断器。

② 电流互感器二次回路一般不进行切换。当必须要切换时，应有可靠的防止开路措施。

③ 继电保护与测量仪表一般不合用电流互感器。当必须合用时，测量仪表要经过中间变流器接入。

④ 对于已安装而尚未使用的电流互感器，必须将其二次绕组的端子短接并接地。

⑤ 电流互感器二次回路的端子应使用试验端子。

⑥ 电流互感器二次回路的连接导线应保证有足够的机械强度。

二、电流互感器常用接线方式

电流互感器有多种接线方式，以适应二次回路及二次设备对不同电流的具体要求，如图 2-12 所示。

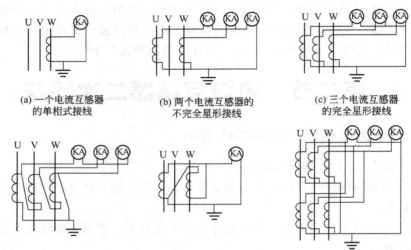

(a) 一个电流互感器　　　(b) 两个电流互感器的　　　(c) 三个电流互感器
的单相式接线　　　　　不完全星形接线　　　　　的完全星形接线

(d) 三个电流互感器的三角形接线　(e) 两个电流互感器的差式接线　(f) 两个电流互感器的和式接线

图 2-12　电流互感器的常用接线方式

① 一个电流互感器的单相式接线，如图 2-12（a）所示。该电流互感器可接在任一相上，这种接线主要用于测量三相对称负载的一相电流、变压器中性点和电缆线路的零序电流。

② 两个电流互感器分别接在 U 相和 W 相的不完全星形接线，如图 2-12（b）所示。这种接线方式广泛应用于中性点不直接接地系统中的测量和保护回路，可以测量三相电流、有功功率、无功功率、电能等，能反映相间故障电流。不能完全反映接地故障。

③ 三个电流互感器的完全星形接线，如图 2-12（c）所示。三个电流互感器分别接在U、V、W 相上，二次绕组按星形连接。这种接线可以测量三相电流、有功功率、无功功率、电能等。在保护回路中，常用于 110～500kV 中性点直接接地系统，能反映相间及接地故障电流；在中性点不直接接地的系统中，常用于容量较大的发电机和变压器的保护回路。

④ 三个电流互感器的三角形接线，如图 2-21（d）所示。三个电流互感器分别接在 U、V、W 相上，二次绕组按三角形连接。这种接线很少应用于测量回路，主要应用于保护回路。

⑤ 两个电流互感器的差式接线，如图 2-12（e）所示。两个电流互感器分别接在 U、W 相上，二次绕组按差式接线，即流入继电器 KA 的电流为两相电流之差。这种接线也很少应用于测量回路，主要应用在中性点不直接接地系统的保护回路。

⑥ 两个电流互感器的和式接线，如图 2-12（f）所示。两个电流互感器分别接在 U、V、W 相上，二次绕组按和式接线，即流入继电器 KA 的电流为三相电流之和。这种接线

主要用于一台半断路器接线、桥形接线的测量和保护回路。

三、电流互感器二次回路的接地保护

为防止电流互感器一、二次绕组间的绝缘损坏，高电压侵入二次回路，危及人身安全和二次设备安全，在电流互感器二次侧必须有一个可靠的接地点。一般在配电装置处经端子接地，如果有几组电流互感器与保护装置相连时，一般在保护屏上经端子接地。

四、电流互感器二次回路的其他问题

1. 仪用电流互感器和保护用电流互感器的二次回路

测量仪表、远动装置、自动装置一般需接在仪用电流互感器二次回路中，继电保护设备一般接在保护用电流互感器二次回路中，即分别接在不同的电流互感器二次回路中。因为仪用电流互感器和保护用电流互感器具有不同的特性和要求。对于仪用电流互感器，要求在正常工作范围内，应保证较高的测量精度，而在一次系统发生短路故障，有短路电流通过时，应能迅速饱和，以保护二次回路所接测量装置。对于保护用电流互感器，不要求在正常运行条件下有较高的测量精度，准确级相当于 3～10 级，而在所能反映的短路电流出现时，电流互感器不能饱和，应能正确反映一次电流的大小，要求误差不得超过 10%。

同一一次回路的各种测量仪表的电流回路应串联在一起，串联的顺序应考虑使电流回路的电缆最短。一般的顺序是电流表、功率表、电度表、记录型仪表和变送器等。

在工程实际中，若受条件限制或为降低工程造价，测量仪表和继电保护必须共用一组电流互感器方式时，需采取相应措施保证测量仪表和继电保护的不同要求。

① 测量仪表和继电保护应接在同一组电流互感器的不同二次绕组。测量仪表接在仪用二次绕组，继电保护接在保护用二次绕组。

② 若受条件限制需将继电保护装置接在电流互感器仪用二次绕组时，需要满足以下条件。

a. 电流互感器的二次负担不应超过允许值。

b. 通过试验确认在可能出现的最大短路电流时，仪用电流互感器铁芯不会饱和。

③ 若受条件限制需将测量仪表接在电流互感器保护用二次绕组时，需实测保护用电流互感器在额定电流时，实际所接负载条件下的实际误差是否能满足测量仪表的要求，同时需经过中间电流互感器将测量仪表接入，对测量仪表实施保护。

④ 测量仪表和继电保护共用电流互感器同一个二次绕组时，应按以下原则配置。

a. 保护装置接在测量仪表之前，避免校验仪表时影响保护装置工作。

b. 当电流回路开路能引起继电保护装置不正确动作，在没有有效的闭锁和监视时，仪表应经过中间电流互感器接入。

2. 电流互感器的二次负载

电流互感器的二次负载指的是二次绕组所承担的容量，即负载功率，可表示为

$$S_2 = U_2 I_2 = I_2^2 Z_2$$

式中　S_2——电流互感器二次负载功率，V·A；

　　　　U_2——电流互感器二次工作电压，V；

I_2——电流互感器二次工作电流，A；

Z_2——电流互感器二次负载，Ω。

由于电流互感器二次工作电流只随一次电流变化，而不随二次负载变化，因此电流互感器的容量 S_2 取决于 Z_2 的大小，通常把 Z_2 作为电流互感器的二次负载。Z_2 是二次绕组负担的总阻抗，它包括了测量仪表、继电保护或远动装置及自动装置的电流线圈的阻抗、连接导线的阻抗和接触电阻三部分。为保证电流互感器能够在要求的准确级下运行，实际二次负载不得超过其允许值，否则电流互感器的准确级下降，将满足不了测量精度的要求。通过校验，若不能满足要求，可根据具体情况采用下列措施。

① 增加连接导线的截面积。

② 将同一电流互感器的两个二次绕组串联起来使用。

③ 将电流互感器的不完全星形接线改为完全星形接线；差式接线改为不完全星形接线。

④ 选用二次允许负载较大的电流互感器。

⑤ 采用二次额定电流小的电流互感器或消耗功率小的继电器等。

第三节　互感器回路常见故障查找与处理

一、接线错误引起的电压互感器事故及处理对策

1. 事故现象

某 35kV 变压站，10kV 电压互感器柜（GG-1A-54）中，电压互感器的接线中性点是通过击穿保险 FN 接地的，如图 2-13(a) 中实线。投产运行时正常，但在运行中遇到雷电波的冲击后，却发生了烧毁事故。事故后误认为是电压互感器质量问题而对损坏的电压互感器和击穿保险进行了更换。随后又将设备投入运行。投运后无异常现象，但在线路再次遇雷电袭击时，又发生了类似事故。

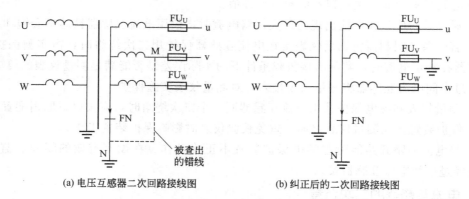

(a) 电压互感器二次回路接线图　　　　　(b) 纠正后的二次回路接线图

图 2-13　电压互感器二次回路接线错误及处理

2. 事故原因分析

经详细查找和分析，发现了原厂家在进行二次接线时，误将击穿保险的接地端与电压互感器二次侧 V 相接地点直接连接，而且 V 相接地点 M 置于线圈侧，如图 2-13(a) 中的

MN 虚线所示。

由于接线错误，因此当击穿保险击穿时，就形成了 V 相二次线圈直接短路，从而损坏了电压互感器。

3. 事故对策

事故原因查明后，将 V 相接地点 M 移至 V 相熔断器 FUv 的出线端，见图 2-13(b)。投入运行后一直正常。事故处理证明，当电压互感器采用 V 相接地时，必须遵照《电力工程电气设计手册》所示的接线予以实施，其接地点必须是在 V 相熔断器的出线端，并应定期检查击穿保险，使其完好。

二、停电的电压互感器发生高压触电事故的原因及对策

某变电所对 35kV Ⅰ 段母线电压互感器进行停电检修和试验。检修中，检修人员对电压互感器高、低压侧和二次回路进行检查。在将电压互感器高压侧搭头拆开时，遭到 W 相高压侧的电击，几乎造成检修人员从电压互感器构架上摔下来的受伤事故。

1. 事故原因分析

为了查明电压互感器高压侧有电的原因，在 35kV Ⅰ 段母线电压互感器停投的情况下做了现场试验和进行分析，查明停电中的电压互感器有两种来电途径。

① 由于 35kV Ⅰ 段母线及电压互感器的相邻设备在运行中，因此电压互感器及熔断器座均处于高压电场中，电压互感器高压侧产生感应电势。为了验证，取下电压互感器高压侧悬挂的保安接地线，用高压验电笔验明无电后，再用万用表测量，结果 U 相对地 190V，V 相对地 60V，W 相对地 194V，因此证明有感应电势。但用万用表串一只 $2.2k\Omega$ 的限流电阻再分别测量 U、V、W 相的对地电流，结果均小于 0.01mA。这说明感应电功率很小，不可能对人造成电击。

② 在电压互感器端子箱里取下电压互感器的低压熔丝，使三台电压互感器与低压侧负载全断开，但电压互感器的低压侧中性点 N 与电缆及小母线仍旧相连接，见图 2-14(a)所示。用万用表测量电压互感器低压侧电压时，除 v 相对地为零外，u 相、w 相和 N 对地电压均为 54V。该电位来自运行中的 35kV 的 Ⅱ 段母线电压互感器的低压侧中性点，因为 35kV Ⅱ 段母线及电压互感器低压侧 v 相是接地的，中性点对地电位是 57V。正常时，该电位在线路中由于没有回路，不能产生电流，所以不会构成电压互感器高压侧产生感应电势。但是，如果在工作中将电压互感器低压侧 w 相（或 v 相或 u 相）同接地的外壳相碰或相连接，这 54V 的电压就会在电压互感器高压侧产生很高的电压（达 10kV 以上），使检修人员触电。检修电压互感器时发生检修人员高压触电就是这个原因。

2. 事故对策

事故情况查明以后，认识到 35kV Ⅰ 段母线及电压互感器在检修和试验时，除了应在高压侧挂地线和低压侧取下熔丝外，还应有相应的安全措施跟上。为此，可以在 Ⅰ 段母线电压互感器和 Ⅱ 段母线电压互感器的二次中性点连接线之间安装闸刀 K 以供检修时断开用，如图 2-14 (b) 所示。这样就解决了在电压互感器检修中发生的触电问题。建议设计人员要从检修角度出发考虑到这些问题，杜绝漏洞，提高检修人员在电气设备上安全工作的可靠性。

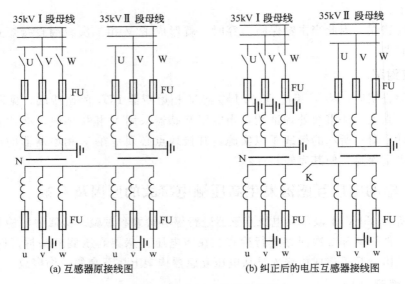

(a) 互感器原接线图   (b) 纠正后的电压互感器接线图

图 2-14　电压互感器接线图

三、三相互感器接地点连接错误而烧毁事故处理对策

1. 事故现象

某新建配电室，连接二次线时，电工发现 3 个电流互感器负极未连接在一起，而是分别与同相的一次导线连接，即 U 相电流互感器的负极与 U 相导线连接，V 相电流互感器的负极与 V 相导线连接，W 相电流互感器的负极与 W 相导线连接，如图 2-15(a) 所示。电工认为，二次线连接有错误，故动手将 2-15(a) 接线改为图 2-15(b) 接线，但在改接中忘记拆除与 V 相的接地，结果在合闸送电时发生一起重大短路事故，使配电盘二次线严重烧毁。

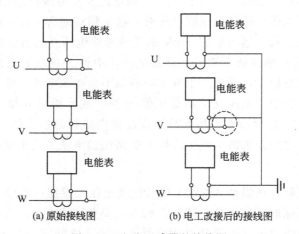

(a) 原始接线图   (b) 电工改接后的接线图

图 2-15　电流互感器的接线图

2. 事故原因分析

① 电工误认为图 2-15(a) 接线错误，这是由于不了解这种接线的合理及其优点造成

的，即电流互感器与一次导线是同电位的，不存在产生绝缘击穿故障的可能性。二次回路一旦发生开路故障，这种接线可以得到防止一次侧产生高电压。它的缺点是当一次出现过电压后，二次也同时出现高电压。

② 由 2-15（a）接线改为图 2-15（b）接线也是可以的，但在改动中忘记拆除 V 相负极端子与一次 V 相导线的连接点，故形成 V 相单相短路故障，如图 2-16 所示，使互感器起火，配电盘二次线烧毁。

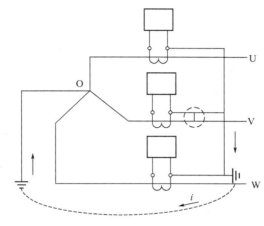

图 2-16　电流互感器 V 相误接地线

3. 事故对策

① 加强培训，使电工明白电流互感器的各种二次接线方式。

② 新安装的设备如发现疑问，应及时报告上级，如需改动，应由上级审批，否则不得随意改动，并且改动后要经过验收，方可投入运行。

四、电流互感器二次出现多点接地事故的处理对策

1. 事故现象

某配电室更换电流互感器和二次线，工作完毕，进行总体验收时，发现 W 相电流互感器二次线没有接地（实际已接地，未检查出来），于是就在 W 相电流互感器进电能表的端子上引出一根接地线，接在配电盘上，如图 2-17 中 B 点接地。投入运行后，发现 W 相电能表 1 度电也没有走。停电后仔细检查，发现 W 相电流互感器二次回路有 A、B 两处接地短路了。

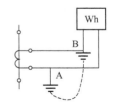

图 2-17　电流互感器二次出现多点接地

2. 事故原因分析

主要是电流互感器接地点的规定和要求不清楚，其次是没有认真验收设备。

3. 事故对策

加强技术培训工作，掌握电流互感器接地的规定，认真执行规定中的规定。

五、二次绕组短路引起 110kV 电压互感器爆炸事故

1. 事故现象

1984 年 10 月 9 日，某 110kV 变电站的 110kV 母线 U 相电压互感器更换二次接线板后，投入运行时出现瓷套管爆炸事故。

2. 事故原因分析

① 该变电站 110kV 电压互感器是由户外 3 只单相两个二次绕组电压互感器组合而成，型号为 JCC2-110。

② 故障时天气情况：多云。

③ 1984 年 9 月，对该变电站 110kV 母线电压互感器进行高压预防性试验时，虽然将电压互感器至其端子箱的二次回路电缆接线解列开，但是对 U、V、W 三相电压互感器介质损耗角试验还是都不合格。经检查发现电压互感器二次接线板受潮，该接线板材料为酚醛树脂板，受潮后绝缘降低较多，于是决定用环氧树脂板替换酚醛树脂接线板。

④ 1984 年 10 月 9 日上午，由检修人员先将 U、V、W 三相电压互感器二次接线板上的电压互感器二次各绕组引出线、接线柱、引出线小瓷套管、酚醛树脂接线板都拆卸出，用环氧树脂板按原酚醛树脂接线板的孔眼、尺寸进行加工，再用新的环氧树脂接线板恢复电压互感器二次绕组的接线。更换接线板后，高压试验人员进行介质损耗角等项目试验，试验数据全部合格。于是由检修人员恢复接线板至端子箱的二次回路电缆接线，并经继电保护人员对电缆接线正确性进行检查，合格。于当天下午 15 时 35 分，将 110kV 母线电压互感器投入运行。

⑤ 投运 15min 左右，现场人员突然听到一声闷响，发现 110kV 的 U 相电压互感器瓷套管爆裂，随即上一级 XZH220kV 变电站的 110kV 新红线线路零序 II 段保护动作，新红线断路器跳闸，该变电站全站停电。

⑥ 经操作并做好安全措施后，检修人员立即对 U 相电压互感器进行检查。打开 U 相电压互感器底座二次接线板正面窗孔及其侧面的接线板背面各二次绕组接线专用窗孔，发现接线板背面二次主绕组的引出线 "u" 和 "x" 在接线柱处碰触在一起，引起二次主绕组短路，造成电压互感器瓷套管爆炸，如图 2-18 所示。

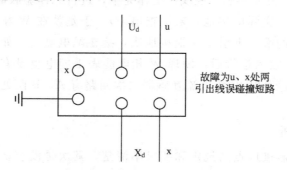

图 2-18　110kV 电压互感器二次接线板背面接线图

⑦ 迅速调来备用的 110kV 电压互感器，将损坏的 U 相电压互感器更换掉，经高压试验合格，再恢复各二次回路接线，检查电压互感器接线全部正确，并运行监视 24h，见无

异常后，判断故障处理完毕。

3. 事故对策

鉴于 110kV 的 U 相电压互感器二次接线板更换的工作人员失职，新接线板上的接线柱固定螺钉未拧紧，在恢复接线板正面至端子箱的二次回路电缆接线时，使未固定紧的接线柱转动，并带动接线板背面的二次主绕组的引出线转动，最后导致二次主绕组的引出线"u"和"x"碰触在一起而短路。又因为 110kV 电压互感器无一次侧保护措施，二次主绕组短路，最终造成电压互感器内部严重发热，绝缘油分解、膨胀，瓷套管爆炸事故。

电压互感器是一个内阻极小的电压源，正常运行时因其负荷阻抗很大，二次侧只有很小的负荷电流。一旦发生二次侧短路，负荷阻抗为零，将产生很大的短路电流，使电压互感器烧坏。特别是 110kV 及以上电压等级的电压互感器，其一次侧无熔断器等保护，若在二次回路熔断器之前的回路段发生二次侧短路，后果不堪设想。该变电站 110kV 的 U 相电压互感器爆炸事故给人们的教训尤为深刻，在以后的工作中应时刻提高警惕，不要因小失大。

① 因电压互感器二次绕组电阻值很小，无法在投入运行前测试和判断出电压互感器二次回路是否有短路存在，所以新安装或检修电压互感器工作中，触动二次接线板接线时要特别慎重。投入运行前必须由技术级别较高的继电保护人员对电压互感器二次回路进行重点核线检查，对 110kV 及以上电压等级的非电容式电压互感器，规定必须打开底座绕组接线专用窗孔对二次接线板背面的二次各绕组引出线进行检查，以确定其二次接线正确性。

② 其次是投入运行前，必须对电压互感器二次回路熔断器后的负荷回路进行加电压试验，以确定其负荷回路二次接线的正确性。

③ 新安装或检修电压互感器时触动二次接线板接线后，投入运行时，严密监视有关电压测量仪表指示是否正确，发现问题，迅速处理。投入运行后，还要对电压互感器二次回路各相电压、线电压、电压相位进行测试，以确定投入运行后其各项性能和二次回路良好。

4. 类似故障

2000 年 12 月 27 日，对于 MCH（110kV）变电站，MCH 电力局工作人员在进行间隔调整的 110kV 母线电压互感器搬迁过程中，由于进行电压互感器端子箱的二次回路电缆接线时，使 W 相电压互感器二次主绕组在二次回路熔断器前接线错误而出现短路，导致电压互感器投入运行时 W 相电压互感器冒烟烧坏。

第三章
断路器控制回路

第一节 断路器及控制开关

一、断路器概述及其控制方式

断路器是电力系统中，最重要的开关设备，在正常运行时断路器可以接通和切断电气设备的负荷电流，在系统发生故障时则能可靠地切断短路电流。

断路器一般由动触头、静触头、灭弧装置、操动机构及绝缘支架等构成。为实现断路器的自动控制，在操动机构中还有与断路器的传动轴联动的辅助触头。

目前在电力系统中有数种不同类型的断路器在运行，常见的有以下几种。

① 少油断路器 少油断路器是在发电厂和变电所中应用最普遍的断路器，它用油少、体积小。少油断路器的绝缘油只用作灭弧介质和触头开断后的弧隙绝缘介质，其铁质油箱外壳一般为红色，表示带电危险，其对地绝缘由瓷器介质支柱来实现。

② 多油断路器 多油断路器的触头浸在装满绝缘油的钢桶里，绝缘油除作为灭弧介质和触头开断后的弧隙绝缘外，还作为带电部分与接地外壳之间的绝缘之用，钢桶外壳为灰色标志，表示壳体不带电。多油断路器体积大、用油多，新建厂所中已不再采用。

③ 空气断路器 空气断路器以高压空气作为灭弧介质和触头开断后的弧隙绝缘介质，高压空气还兼作操动机构的能源。空气断路器不用绝缘油，所以其动作快、断流容量大、性能稳定、检修周期长且无火灾危险；但其结构复杂，需配用一套空气压缩装置。

④ 六氟化硫（SF_6）断路器 六氟化硫（SF_6）断路器是利用不燃气体 SF_6 作为灭弧和绝缘介质的新型断路器。SF_6 气体绝缘性能好，灭弧能力强（约是空气的 100 倍），有良好的冷却性。此种断路器断流能力大，绝缘距离小、检修周期长（有时称为免维护型），多用于户外配电装置中。

⑤ 真空断路器 真空断路器是将触头置于密闭真空容器中，是利用真空作为绝缘和灭弧介质的。真空断路器体积小、重量轻、性能稳定、"免维护"，目前生产的真空断路器只能用于 35kV 及以下电压等级中。

断路器的控制方式有多种，分述如下。

1. 按控制地点分

断路器的控制方式按控制地点分为集中控制和就地（分散）控制两种。

① 集中控制　在主控制室的控制台上，用控制开关或按钮通过控制电缆去接通或断开断路器的跳、合闸线圈，对断路器进行控制。一般对发电机、主变压器、母线、断路器、厂用变压器 35kV 以上线路等主要设备都采用集中控制。

② 就地（分散）控制　在断路器安装地点（配电现场）就地对断路器进行跳、合闸操作（可电动或手动）。一般对 10kV 线路以及厂用电动机等采用就地控制，可大大减少主控制室的占地面积和控制电缆数。

2. 按控制电源电压分

断路器的控制方式按控制电源电压分为强电控制和弱电控制两种。

① 强电控制　从断路器的控制开关到其操作机构的工作电压均为直流 110V 或 220V。

② 弱电控制　控制开关的工作电压是弱电（直流 48V），而断路器的操动机构的电压是 220V。目前在 500kV 变电所二次设备分散布置时，在主控室常采用弱电一对一控制。

3. 按控制电源的性质分

断路器的控制方式按控制电源的性质可分为直流操作和交流操作（包括整流操作）两种。

直流操作在 20 世纪普遍采用蓄电池供电，而目前现代化的厂矿企业中，一般采用交直流变换模块，该模块可以直接将交流 220V 变为需要的直流电压或其他类型信号。

一般采用蓄电池组供电；交流操作一般是由电流互感器、电压互感器或所用变压器提供电源。

二、断路器的操作机构

断路器的操作机构是断路器本身附带的合、跳闸传动装置，用来使断路器合闸或维持闭合状态，或使断路器跳闸。在操作机构中均设有合闸机构、维持机构和跳闸机构。由于动力来源的不同，操作机构可分为电磁操作机构（CD）、弹簧操作机构（CT）、液压操作机构（CY）、气动操作机构（CQ）和电动机操作机构（CJ）等。其中应用较广的是电磁操作机构、弹簧操作机构、液压操作机构和气动操作机构。不同型式的断路器，根据传动方式和机荷载的不同，可配用不同型式的操作机构。

① 电磁操作机构是靠电磁力进行合闸的机构。这种机构结构简单，加工方便，运行可靠，是我国断路器应用比较普遍的一种操作机构。由于是利用电磁力直接合闸，合闸电流很大，可达到几十安至数百安，所以合闸回路不能直接利用控制开关触点接通，必须采取中间接触器（即合闸接触器）。目前，这种操作机构在 10~35kV 断路器中得到广泛应用。

② 弹簧操作机构是靠预先储存在弹簧内的位能来进行合闸的机构。这种机构不需要配备附加设备，弹簧储能时耗用功率小（用 1.5kW 的电动机储能），因而合闸电流小，合闸回路可直接用控制开关触点接通。但此种机构结构复杂，加工工艺及材料性能要求高，调试困难。

③ 液压操作机构是靠压缩气体（氮气）作为能源，以液压油作为传递媒介来进行合闸的机构。此种机构所用的高压油预先储存在储油箱内，用功率较小（1.5kW）的电动机带动油泵运转，将油压入储压筒内，使预压缩的氮气进一步压缩，从而不仅合闸电流

小，合闸回路可直接用控制开关触点接通，而且压力高，传动快，动作准确，出力均匀。目前我国110V及以上的少油断路器及SF₆断路器广泛采用这种机构。

④ 气动操作机构是以压缩空气储能和传递能量的机构。此种机构功率大，速度快，但结构复杂，需要配备空气压缩设备。气动操作机构的合闸电流也较小，合闸回路中也可直接用控制开关触点接通。目前，这种操作机构只应用于空气断路器上，500kV的SF₆断路器也有采用这种操作机构。

三、对断路器控制回路的基本要求

断路器的控制回路必须完整、可靠，因此应满足下面一些要求。

① 断路器的合、跳闸回路是按短时通电设计的，操作完成后，应迅速切断合、跳闸回路，解除命令脉冲，以免烧坏合、跳闸线圈。为此，在合、跳闸回路中，接入断路器的辅助触点，既可将回路切断，又可为下一步操作做好准备。

② 断路器既能在远方由控制开关进行手动合闸和跳闸，又能在自动装置和继电保护作用下自动合闸和跳闸。

③ 控制回路应具有反映断路器状态的位置信号和自动合、跳闸的不同显示信号。

④ 无论断路器是否带有机械闭锁，都应具有防止多次合、跳闸的电气防跳措施。

⑤ 对控制回路及其电源是否完好，应能进行监视。

⑥ 对于采用气压、液压和弹簧操作的断路器，应有压力是否正常，弹簧是否拉紧到位的监视回路和闭锁回路。

⑦ 接线应简单可靠，使用电缆芯数应尽量少。

四、控制开关

控制开关又称万能转换开关，是由运行人员手动操作，发出控制命令使断路器进行跳、合闸的装置。发电厂和变电所常用的控制开关为LW系列自动复位的控制开关，有三种类型。

① LW2系列控制开关：是跳、合闸操作都分两步进行，手柄和触点盒有两个固定位置和两个操作位置的封闭式控制开关。此种开关常用于火电厂和有人值班的变电所中。

② LW1系列控制开关：是跳、合闸操作只用一步，其手柄和触点只有一个固定位置和两个操作位置的控制开关。此种开关常用于无人值班的变电所和水电站中。

③ LWX系列强电小型控制开关：其跳、合闸为一步进行，近年来在各种集控台的控制和300MW以上机组的分控室中已被广泛应用。下面以LW2型控制开关为例说明控制开关的结构及作用。

1. 控制开关的构成

图3-1是发电厂和变电所普遍应用的LW2-Z型控制开关的结构图。左端是操作手柄，装于屏前；与手柄固定连接的方轴上装有5～8节触点盒，用螺杆相连装于屏后，如图3-1（a）所示。图3-1（b）是控制开关的左视图，由图可见，控制开关的手柄有两个固定位置和两个操作位置。固定位置：垂直位置是预备合闸和合闸后；水平位置是预备跳闸和跳闸后。

操作位置：右上方为合闸位置，左下方为跳闸位置。

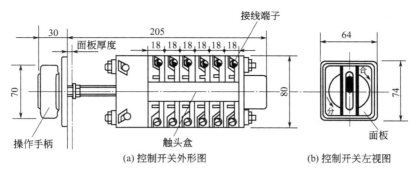

图 3-1　LW2-Z 型控制开关结构图

控制开关的操作过程如下。

合闸操作：图 3-1(b) 示出手柄为预备合闸状态，将手柄右旋 30° 为合闸位置，手放开后在自复弹簧的作用下，手柄复位于垂直位置，成为合闸后位置。

跳闸操作：先将手柄左旋至水平位置，即预备合闸位置，再左旋 30° 即为跳闸位置，手放开后在自复弹簧的作用下，手柄复位于水平位置，成跳闸后位置。

2. 控制开关的触点盒位置表

图 3-1(a) 控制开关右端的数节触点盒，其四角均匀固定着四个静触点，其触点外端伸出盒外接外电路，而内端与固定于方轴上的动触点簧片相配合。由于动触点（簧片）的形状及安装位置不同，组成 14 种型号的触点盒，代号为 1、1a、2、4、5、6、6a、7、8、10、20、30、40、50，如表 3-1 所示。其中 1、1a、2、4、5、6、6a、7、8 型的动触点是固定于方轴上随轴转动的，而后 5 种触点是有自由行程的，即进行跳、合闸操作时动触点随轴转动，而手柄自复后触点不随轴复位，其中 10、40、50 型的动触点在轴上有 45° 的自由行程；20 型有 90° 自由行程；30 型有 135° 自由行程。

表 3-1　LW2-Z 和 LW2-YZ 型触点盒位置表

手柄位置	触点盒的型式		灯	1 1a	2	4	5	6	6a	7	8	10	20	30	40	50
跳闸后		←														
预备合闸		↑														
合闸		↗														
合闸后		↑														
预备跳闸		←														
跳闸		↙														

LW2 型控制开关型号、型式及其符号含义如下。

（1）型号说明

$$LW2-\boxed{1}-\boxed{2}/\boxed{3}\boxed{4}-\boxed{5}\boxed{6}-\boxed{7}$$

式中　$\boxed{1}$——开关型式，共有 6 类，如表 3-1 所示；

$\boxed{2}$——触点型式，共 14 种；

$\boxed{3}$——板面型式，共有两种，"F"为方形，"O"为圆形；

$\boxed{4}$——手柄型式，共有 9 种；

$\boxed{5}$——定位器型式，共有两种，45°定位用"8"表示，90°定位不表示；

$\boxed{6}$——限位装置，有者以"×"表示，无者不表示；

$\boxed{7}$——触点特殊排列时用 A 表示。

（2）开关型式及其表示符号

根据控制开关手柄有无内附指示灯、有无定位和有无自动复位机构，LW2 型控制开关可具有表 3-2 所示的几种型式。

表 3-2　LW2 型控制开关的型式

型号	特点	用途	备注
LW2-Z	带自动复位及定位	用于断路器及接触器的控制回路	常用于灯光监视回路
LW2-YZ	带自动复位及定位,有信号灯	用于断路器及接触器的控制回路	常用于音响监视回路
LW2-W	带自动复位	用于断路器及接触器的控制回路	
LW2-Y	带定位及信号灯	用于直流系统中监视熔断器	
LW2-H	带定位及可取出手柄	用于同步回路中相互闭锁	
LW2	带定位	用于一般的切换电路中	

3. 常用的断路器触点图表

下面以 LW2-Z-1a、4、6a、40、20、20/F8 型控制开关为例介绍（表 3-3 所示）。左列所示手柄的六种位置为屏前视图，而其余右边触点盒的触点通断状况是由屏后视的。触点排号为逆时针方向次序，"·"号表示触点接通，"—"表示触点断开。

在发电厂和变电所的工程图中，控制开关的应用十分普遍，按新标准将控制开关 SA 的触点通断状况用图形符号表示，如图 3-2 所示。表中 6 条垂直虚线表示控制开关手柄的 6 个不同位置：C—合闸、PC—预备合闸、CD—合闸后；T—跳闸、PT—预备跳闸、TD—跳闸后。水平线表示触点的引出线，水平线下的黑圆点表示该对触点在此位置是接通的，否则是断开的。

表 3-3　LW2-Z-1a、4、6a、40、20、20/F8 型控制开关触点图表

在"跳闸后"位置的手柄(前视)的样式和触点盒(后视)的动触点位置图	合 跳	1 2 3 4	5 6 8 7	12 9 10 11	16 13 14 15	17 18 19 20	21 22 23 24
手柄和触点盒型式	F8	1a	4	6a	40	20	20

位置 ＼ 触点号		1-3	2-4	5-8	6-7	9-10	9-12	11-10	14-13	14-15	16-13	19-17	17-18	18-20	21-23	21-22	22-24
跳闸后	▭●		•		•			•	•								•
预备合闸	▯	•			•		•				•	•				•	
合闸	◩	—	—	•	—	•				•				•			
合闸后	▯	•	—		—	•				•		•	•				
预备跳闸	●▭		•			•			•				•				
跳闸	◩				•			•			•			•			•

前视 ←——｜—— 后视

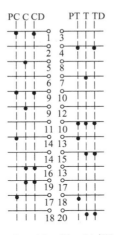

图 3-2　LW2-Z-1a、4、6a、40、20、20/F8 型开关触点通断状况

第二节　断路器的基本控制回路

在发电厂和变电所中有多种成熟的基本控制回路，这些典型接线可以独立运行，也可互相组合构成更复杂的控制回路。

一、断路器的基本跳、合闸控制回路

断路器基本跳、合闸控制回路如图 3-3 所示，其工作原理如下。

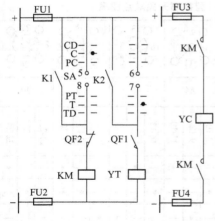

图 3-3 断路器基本跳、合闸控制回路

1. 合闸操作

① 手动合闸是将控制开关 SA 打至"合闸"位置，此时其 5 与 8 触点瞬时接通；而断路器在跳闸位置时其动断触点 QF2 是接通的，所以合闸接触器 KM 线圈通电启动，其动合触点接通，断路器合闸线圈 YC 通电启动，断路器合闸。当合闸操作完成后，断路器的动断辅助触点 QF2 断开，合闸接触器 KM 线圈断电，它的两个动合触点断开，切断断路器合闸线圈 YC 的电路；同时，断路器动合触点 QF1 接通，为跳闸回路通电做好准备。

② 自动合闸是由断路器自动重合闸装置的出口触点 K1 闭合实现的。

2. 跳闸操作

① 手动跳闸是将控制开关 SA 打至"跳闸"位置，此时其 6 与 7 触点接通，而断路器在合闸位置时其动合触点 QF1 是接通的，所以跳闸线圈 YT 通电，断路器进行跳闸。当跳闸操作完成后，断路器的动合触点 QF1 断开，而动断触点 QF2 接通，为合闸回路通电做好准备。

② 自动跳闸是由断路器保护装置的出口继电器 K2 触点闭合来实现的。

二、断路器的防跳（跳跃闭锁）控制回路

1. 断路器的"跳跃"现象及危害

如果手动合闸后控制开关（SA 的手柄尚未松开，5 与 8 触点仍在接通状态）或者自动重合闸装置的出口触点 K1 烧结，若此时又发生故障，则保护装置动作，其出口继电器 K2 触点闭合，跳闸接触器 YT 线圈通电使断路器跳闸，则动断辅助触点 QF2 接通，使合闸接触器 KM 又带电，使断路器再次合闸，保护装置又动作，使断路器又跳闸……断路器的这种多次"跳—合"现象称为"跳跃"。如果断路器发生"跳跃"，势必造成绝缘下降、油温上升，严重时会引起断路器发生爆炸事故，危及设备和人身的安全。

2. 断路器的"防跳"控制回路

在 35kV 及以上电压的断路器控制回路中，通常加装防跳中间继电器 KCF，如图 3-4 所示。KCF 常采用 DZB 型中间继电器，它有两个线圈：一个是电流启动线圈 KCF1，串接于跳闸回路中；电压（自保持）线圈 KCF2，与自身的动合触点串联，再并接于合闸接触器 KM 的回路中。

当手动合闸时，SA 的 5 与 8 触点尚未断开或自动装置 K1 触点烧结，此时发生故障，则继电保护装置动作，K2 触

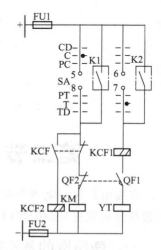

图 3-4 由防跳继电器构成的断路器控制回路

点闭合，经 KCF1 的电流线圈、断路器动合触点 QF1，跳闸线圈 YT 通电，使断路器跳闸。同时，KCF1 电流线圈通电，其动合触点 KCF 闭合，使其经电压线圈 KCF2 自保持，而 KCF 的动断触点断开，可靠地切断 KM 线圈回路，即使 SA 的 5 与 8 触点接通，KM 也不会通电，防止了断路器跳跃现象的发生。只有合闸命令解除（SA 的 5 与 8 触点断开或 K1 断开），KCF2 电压线圈断电，才能恢复至正常状态。

对于 3～10kV 电压等级的断路器，如果采用室内开关柜，没装自动重合闸，由于开关柜具有机械防跳装置，为了简化接线，此时断路器可不设电气"防跳"装置。

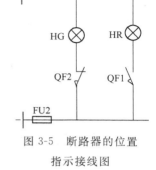

图 3-5　断路器的位置
指示接线图

三、断路器的位置指示

断路器的跳闸、合闸状态在主控制室应有明确的指示信号，一般有双灯制（红、绿灯）和单灯制（白灯）两种接线方式。

① 双灯制控制接线　断路器的双灯制位置指示接线如图 3-5 所示。当断路器在跳闸位置时，其动断触点 QF2 接通，绿灯（HG）亮；当断路器在合闸位置时，其动合触点 QF1 接通，红灯（HR）亮。即红灯亮表示断路器在合闸状态，绿灯亮表示断路器在跳闸状态。

② 单灯制控制接线　单灯制用灯光和控制开关手柄位置来表示断路器手动跳、合闸位置。

有集中控制台的，一般也设置跳、合闸位置继电器，利用其相关的触点接通中央音响信号及模拟灯信号回路。

四、断路器自动跳、合闸的信号回路

断路器由自动装置驱动进行跳、合闸时，信号灯是闪光的，与手动跳、合闸时信号灯是平光的有所区别。现以双灯制断路器的跳、合闸信号回路为例，分析如下。

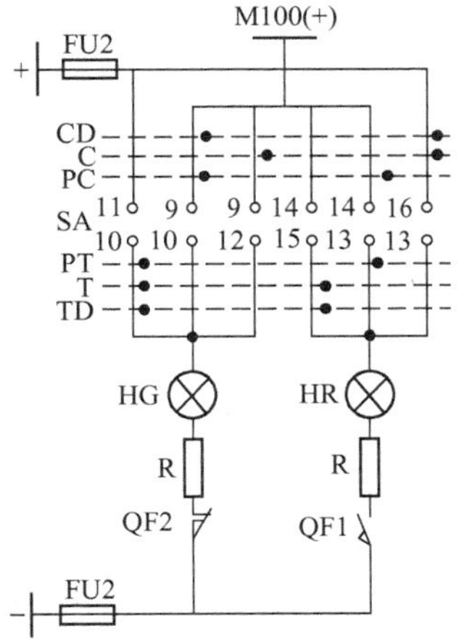

图 3-6 是断路器跳、合闸双灯制信号回路接线图，其动作原理简析如下。

1. 断路器跳闸信号

① 手动跳闸　SA 置"跳闸后"位置时，其触点 10 与 11 通，绿灯 HG 经 QF2 动断触点发平光，表示断路器手动跳闸。

② 自动跳闸　SA 在"合闸后"位置时，其 9 与 10 触点接通，此时若发生故障，自动装置动作使断路器自动跳闸，QF2 动断触点自动接通，绿灯 HG 经 SA 的 9 与 10 触点接至闪光小母线 M100（＋），则绿灯闪光，表示断路器自动跳闸。

图 3-6　断路器跳、合闸双灯制信号回路接线

③ 绿灯闪光解除　值班人员将 SA 打至"跳闸后"位置，其触点 10 与 11 接通，9 与 10 断开，绿灯接至"＋"电源小母线，所以绿灯又发平光，闪光解除。

2. 断路器合闸信号

① 手动合闸　SA 置"合闸后"位置时，其触点 13 与 16 接通，红灯 HR 经动合触点 QF1 发平光，表示断路器手动合闸。

② 自动合闸　SA 置"跳闸后"位置时，其 14 与 15 触点接通，此时若自动装置动作使断路器自动合闸，则 QF 的动合触点 QF1 自动接通，红灯 HR 经 SA 的 14 与 15 触点接至闪光小母线 M100（＋），则红灯 HR 闪光，表示断路器自动合闸。

③ 红灯闪光解除　值班人员将 SA 打至"合闸后"位置，其触点 16 与 13 接通，14 与 15 断开，红灯接至"＋"电源小母线，所以红灯又发平光，闪光解除。

3. 事故音响信号起动回路

断路器自动跳、合闸后，不仅指示灯要发出闪光，而且还要求发出事故音响信号（蜂鸣器 HA）。事故音响信号是利用不对应原则实现的，全厂共用一套音响装置。

① 何时（何种故障）发出事故音响信号　在电力系统发生的故障中，暂时性故障占 70％以上，所以规定断路器因系统故障而自动跳闸后，应自动（或手动）重合闸一次，以判断故障的性质。如为暂时性故障（风吹树枝、竹杆碰线、鸟害等），故障很快消除，则重合闸会成功；如为永久性故障（如线路断线、杆塔倒地等），故障不会自动消除，当重合于故障线路上，则断路器在保护装置的作用下即刻跳开，应发出音响。

② 手动重合闸的要求　在事故发生后，若需手动重合闸，则控制开关由原"合闸后"先打至水平位，然后打至"预备合闸"、"合闸"、"合闸后"，由于断路器已跳闸，为使控制开关在转到"预备合闸"和"合闸"位置瞬间，不会因断路器触点与控制开关触点接通误发事故音响信号，造成值班人员难辨真假，故在接线中应采用只有在"合闸后"位置才接通的触点，而在图 3-2 找不到这样的触点，所以采用 1 与 3 与 19 与 17 两对触点串接的方法来实现只在"合闸后"才接通的要求。

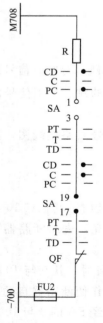

图 3-7　事故音响信号启动回路

③ 用"不对应原则"启动事故音响回路　图 3-7 为事故音响信号启动回路，由图可见，要接通 M708 至 −700 回路，即 SA 的 1 与 3 与 19 与 17 触点需与 QF 动断触点同时接通。由于 SA 的 1 与 3 和 19 与 17 触点在"合闸后"才接通，而 QF 动断触点在跳闸后才闭合，利用控制开关 SA 的位置与断路器（辅助触点）位置不对应接通事故音响信号的原则，称为不对应原则。其实灯光信号也存在这样的问题：在合闸操作过程中，利用不对应原则也可以使信号灯闪光，即在图 3-6 中，原 SA 在"合闸后"位置，9 与 10 触点接通；当断路器自动跳闸后，其动断触点 QF2 闭合，绿灯 HG 经 SA 的 9 与 10 接至 M100（＋），所以闪绿光。此时手动 SA，置"预备跳闸"绿灯平光、

"预备合闸"绿灯闪光、"合闸"绿灯仍闪光、"合闸后"瞬间绿灯仍闪光，直至断路器合闸完成，其辅助触点同时切换完毕，绿灯灭，红灯经 QF1 动合触点、SA 的 13 与 16 触点发平光，表明合闸操作过程完成。

五、断路器控制回路完好性的监视

断路器的控制回路包括熔断器和其回路接线，必须对其有经常性的监视，否则当熔断器熔断或控制回路断线（经常是接触不良）时，将不能正常进行跳、合闸操作。

目前广泛采用的控制回路完好性监视方式有两种，即灯光监视和音响监视。在中小型发电厂和变电所一般采用双灯监视方式，在大型发电厂和变电所则多采用单灯加音响监视方式。

① 双灯制监视方式　如图 3-8 所示，当断路器在跳闸位置时，若控制回路完好则绿灯 HG 亮，否则说明熔断器熔断或合闸回路断线；同理，红灯 HR 亮，表明断路器在合闸位置，同时说明跳闸回路是完好的。

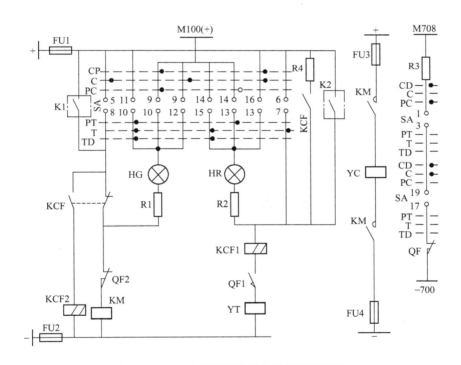

图 3-8　灯光监视的断路器控制回路接线图

② 单灯制监视方式　如图 3-9 所示，将跳闸位置继电器 KCT 的动断触点和合闸位置继电器 KCC 的动断触点串联接于控制回路断线小母线 M7131 与 "＋" 电源之间。当控制回路熔断器熔断时，KCT 和 KCC 同时失电，其动断触点同时闭合，接通信号继电器 KS，发出控制回路断线的音响和光字牌信号；并进一步由控制开关 SA 手柄内信号灯的熄灭与否，找出故障回路。

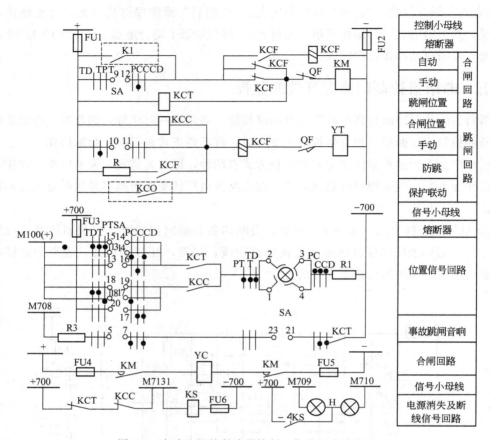

图 3-9　音响监视的断路器控制、信号回路接线图

第三节　实用的断路器控制回路

一、灯光监视的断路器控制回路

在发电厂和变电所中，常见的断路器控制回路可分为两种，即灯光监视的控制回路和音响监视的控制回路。

图 3-8 是灯光监视的断路器控制回路接线图。由图可见，其基本控制回路是由基本控制回路图 3-3、图 3-4、图 3-6 和图 3-7 组合而成，该接线图的动作原理如下。

① 手动合闸或自动装置合闸　手动合闸，SA 的 5 与 8 触点瞬间接通（或自动装置动作，其出口继电器动合触点 K1 闭合），此时断路器动断触点 QF2 和防跳继电器 KCF 动断触点是接通的，所以控制电源电压加到合闸接触器 KM 的线圈上，其动合触点闭合，启动合闸回路中的断路器合闸线圈 YC，断路器合闸。

手动合闸时的灯光信号：手动合闸后，SA 的 16 与 13 触点接通，断路器合闸后其动合触点 QF1 闭合，所以红灯 HR 经 SA16 与 13→R2→KCF1→QF1→YT 通电发平光。但因回路中串有 KCF1、R2 及 HR 等电阻元件，所以 YT 和 KCF1 两线圈上压降达不到其启动值，所以断路器不会跳闸。

自动合闸时的灯光信号：自动装置动作，K1闭合，KM启动，断路器自动合闸。此时，SA是处在"跳闸后"位置，SA的14与15触点接通，所以红灯HR经SA的14与15触点→R2→KCF1→QF1→YT接至闪光小母线M100（＋）上，红灯HR闪光。

② 手动跳闸或保护装置动作跳闸　手动跳闸，SA的6与7触点接通（或保护装置动作，其出口继电器动合触点K2闭合），此时断路器动合触点QF1是闭合的，所以控制电源电压加到断路器跳闸线圈YT和防跳继电器KCF1线圈上。YT阻抗大于KCF1的阻抗，但KCF1电流线圈灵敏度高于YT，所以两线圈同时启动。YT启动断路器跳闸，而防跳继电器KCF启动，其触点进行切换。

手动跳闸的灯光信号：手动跳闸后，SA的10与11触点接通，而断路器动断触点QF2闭合，所以绿灯HG经SA的10与11→R1→QF2→KM线圈通电发平光。但因回路中串有HG和R_1电阻元件，KM线圈上压降达不到其启动值，所以断路器不会合闸。

自动跳闸时的灯光信号：自动装置动作，K2闭合，断路器跳闸。此时，SA在"合闸后"位置，其9与10触点接通；断路器跳闸后，QF2闭合，所以绿灯HG经SA的9-10触点→R1→QF2→KM线圈接到闪光小母线M100（＋）上，绿灯HG闪光。

③ 跳、合闸回路完整性监视　在跳、合闸回路中接入红、绿信号灯：a. 跳闸回路，红灯亮表示断路器在合闸状态（QF1动合触点闭合），且跳闸回路是完好的（YT回路畅通）；b. 合闸回路，绿灯HG亮，表示断路器在跳闸状态（QF2动断触点闭合），且合闸回路是完好的（KM线圈回路畅通）。

④ 熔断器完好性监视　红灯HR或绿灯HG有一个亮，则表明熔断器FU是完好的。

⑤ KCF动合触点串一电阻R4与K2动合触点并联，防止当K2先于QF1跳开时烧坏K2触点，而加入KCF动合触点与R4串联，即使K2先跳开，因有与之并联的KCF及R4，所以K2不会烧坏。

⑥ 灯光监视的控制回路的优缺点　该回路结构简单，红、绿信号灯指示断路器的位置十分明显；但在大型发电厂和变电所中，因控制屏多，所以必须加入音响信号，以便及时引起值班人员的注意。

二、音响监视的断路器控制回路

音响监视的断路器控制、信号电路如图3-9所示，操作机构为电磁操作。图中M709、M710为预告信号小母线；M7131为控制回路断线预告小母线；SA为LW2-YZ-1a、4、6a、40、20、20/F1型控制开关（表3-4所示）；KCC、KCT为合闸、跳闸位置继电器；KS为信号继电器；H为光字牌。电路的动作过程如下。

1. 断路器的手动控制

断路器手动合闸前，跳闸位置继电器KCT线圈带电，其常开触点KCT闭合，由＋700经SA的14-15触点→KCT常开触点→SA1-3触点→R1至－700形成通路，信号灯发平光。手动合闸操作时，将控制开关SA置于"预备合闸"位置，此时，M100（＋）经SA13-14→KCT→SA1-3→R1至－700形成通路，信号灯闪光。接着将SA置于"合闸"位置，SA的9与12触点接通，接触器KM带电，其常开触点闭合，合闸线圈YC带电，使断路器合闸。断路器合闸后，SA自动复归至"合闸后"位置。此时由于断路器合闸，合闸位置继电器KCC线圈带电，其常开触点闭合后，＋700经SA的17与20触点→

表 3-4 LW2-YZ-1a、4、6a、40、20、20/F1 型控制开关触点图表

在"跳闸"后位置的手柄(正面)的样式和触点盒(背面)接线图		灯		1a		4		6a			40			20			20		
手柄和触点盒型式	F1	灯		1a		4		6a			40			20			20		
触点号 位置	—	1-3	2-4	5-7	6-8	9-12	10-11	13-14	13-16	15-14	18-17	18-19	20-17	23-21	21-22	22-24	25-27	25-26	26-28
跳闸后		•	—	—	—	—	—	—	—	•	—	•	—	—	•	—	—	—	•
预备合闸		—	•	•	•	—	—	—	—	—	—	•	—	—	•	—	—	•	—
合闸		—	•	—	—	•	•	—	—	—	—	—	•	—	—	•	•	—	—
合闸后		—	•	—	—	—	—	—	•	—	•	—	—	—	•	—	•	—	—
预备跳闸		•	—	—	—	—	—	—	•	—	•	—	—	•	—	—	•	—	—
跳闸		•	—	—	—	—	•	—	—	—	—	—	—	•	—	—	—	—	—

KCC→SA2-4→R1 至－700 形成通路，信号灯发平光。

手动跳闸操作时，先将 SA 置于"预备跳闸"位置，此时，M100（＋）经 SA17 与 18 触点→KCC→SA1 与 3 触点→R1 至－700 形成通路，信号灯闪光。再将 SA 置于"跳闸"位置，SA10 和 11 触点接通，跳闸线圈 YT 带电，使断路器跳闸。断路器跳闸后，SA 自动复归至"跳闸后"位置，KCT 带电，常开触点闭合，此时 SA 的 14 与 15 触点接通，信号灯发平光。

2. 断路器的自动控制

当自动装置动作后，K1 触点闭合，短接 SA 的 9 与 12 触点，合闸回路接通，断路器合闸。此时，SA 位于"跳闸后"位置，M100（＋）经 SA18-19→KCC 触点→SA1-3→R1 至－700 形成通路，信号灯闪光。操作 SA 至"合闸后"位置使信号灯发平光。当继电保护动作、保护出口继电器 KCO 触点闭合接通跳闸回路，使跳闸线圈 YT 带电，断路器跳闸。此时，M100（＋）经 SA13-14→KCT→SA2-4 触点→R1 至－700 形成通路，信号灯闪光。同时 SA 的 5 与 7、SA 的 23 与 21 和 KCT 的常开触点均闭合，接通事故跳闸音响信号回路，发事故音响信号。

3. 控制电路电源监视

当控制电路的电源消失（如熔断器 FU1、FU2 熔断或接触不良）时，合闸位置继电器 KCC 和跳闸位置继电器 KCT 同时失电，其常开触点断开，信号灯熄灭，其常闭触点闭合，启动信号继电器 KS 通电，其常开触点闭合接通光字牌 H 显示"电源消失"同时发出音响信号。

当断路器、SA 均在合闸（或跳闸）位置，跳闸（或合闸）回路断线时，都会出现信号灯熄灭，光字牌点亮并延时发音响信号。如果控制电源正常，信号电源消失，则不发音响信号，只是信号灯熄灭。

4. 音响监视的优点

① 由于跳闸和合闸位置继电器 KCT、KCC 的存在，使控制回路和信号回路分开，这样可以防止当回路或熔断器断开时，由于寄生回路而使保护装置误动作。

② 利用音响监视回路的完好性，便于及时发现断线故障。

③ 信号灯减半，对大型发电厂和变电所不但可以避免控制屏太拥挤，而且可以防止误操作。

④ 减少了电缆芯数。

但是音响监视采用单灯制，增加了两个继电器（KCT 和 KCC），位置指示灯采用单灯不如双灯直观。目前只有大型发电厂、变电所宜采用音响监视方式。

三、灯光监察弹簧操作断路器控制回路

1. 对弹簧储能操作的特殊要求

断路器采用弹簧储能操作，是利用弹簧预先储备的能量作为断路器合闸的动力。为了满足断路器控制的要求，在操作机构中装有合闸弹簧。采用这种控制方式，对操作电源容量的要求不高，在 220kV 及以下系统中得到应用。

弹簧储能操作除考虑对控制回路的基本要求外，还应满足以下特殊要求。

① 合闸弹簧的储能要自动完成。

② 合闸弹簧拉紧不到位时不允许合闸，并发出信号。

2. 基本电路及工作状态分析

图 3-10 为弹簧操作灯光监视的断路器控制、信号电路图。该图控制电压为 -220V 或 -110V，适用于直流电源为镉镍电池或免维护铅酸蓄电池直流屏的发电厂或变电所中的断路器控制、信号系统。电路图的工作原理与电磁操作的断路器相比，有以下特点。

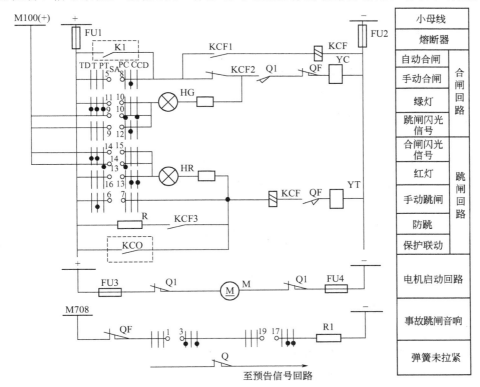

图 3-10　弹簧操作灯光监视的断路器控制、信号电路图

① 当断路器无自动重合闸装置时，在其合闸回路中串有操动机构的辅助常开触点 Q1。只有在弹簧拉紧到位，Q1 闭合后，才允许合闸。

② 当弹簧未拉紧时，操动机构的两对辅助常闭触点 Q1 闭合，启动储能电机 M，使合闸弹簧拉紧。弹簧拉紧后，两对常闭触点 Q1 断开，合闸回路中的辅助常开触点 Q1 闭合，电动机 M 停止转动。此时，进行手动合闸操作，合闸线圈 YC 带电，使断路器 QF 利用弹簧存储的能量进行合闸。合闸弹簧在释放能量后，又自动储能，为下次动作做准备。

③ 当断路器装有自动重合闸时，由于合闸弹簧正常运行处于储能状态，所以能可靠地完成一次重合闸的动作。如果重合不成功又跳闸，将不能进行第二次重合，但为了保证可靠"防跳"，电路中仍有防跳措施。

④ 当弹簧未拉紧时，操动机构的辅助常闭触点 Q1 闭合，发"弹簧未拉紧"信号。

四、灯光监察液压操作机构操作断路器控制回路

1. 对液压操作机构的特殊要求

以前我国 110kV 以上少油断路器广泛采用液压操作机构，当断路器跳、合闸时，利用跳、合闸电磁铁开启高压油门，靠油的压力完成跳、合闸动作。断路器采用液压操作机构，除了要考虑对控制回路的基本要求外，还要满足以下要求

① 要保持油的压力在允许范围。一般要求油压为 15.8～17.5MPa 的范围内。为保持油压在要求的范围内，通常装设电动油泵。当油压低于 15.8MPa 时，自动启动油泵补压，油压上升到 17.5MPa 时，自动停泵。

② 油压出现异常时，应自动发出信号。当油压低于 14.4MPa 时，应发出油压降低信号；当油压高于 20MPa 时或低于 10MPa 时，应发出油压异常信号。

③ 油压严重下降，不能达到故障状态下断路器跳闸要求时，应自动跳闸。当油压低于 12.6MPa 时，应自动跳闸并且不允许再合闸。

2. 基本电路及工作状态分析

图 3-11 是液压操动灯光监视的断路器控制、信号电路图，控制开关是 LW2-Z 型的。该回路的特点是断路器的跳、合闸的动力是靠液体的压力，所以其控制合闸的电流小（只需 2A 即可），但对液压装置要求较高，专设有压力异常报警、自动稳压和压力异常闭锁合闸操作等装置。

表 3-5　压力表触点的动作值

触点号	S1	S2	S3	S4	S5	S6	S7
动作值/MPa	＜17.5	＜15.8	＜14.4	＜13.2	＜12.6	＜10	＞20

其中，图 3-11（a）即灯光监视的断路器控制回路部分，图（b）为压力异常预告信号回路，图（c）为油泵电动机启动回路。S1～S5 为液压机构微动开关的触点；S6、S7 为压力表电触点，各触点的动作值如表 3-5 所示。KC1、KC2 为中间继电器，KM 为直流接触器，M 为直流电动机。液压部分动作分析如下。

合闸回路		手动跳闸	灯光信号	自动跳闸	闪光信号	自动合闸	闪光信号	手动合闸	灯光信号	跳闸回路			液压过低跳闸回路	启动回路及合闸	信号小母线	熔断器	预告信号回路及油泵电动机启动回路
自动跳	手动跳									手动跳	液压过低	自动跳					

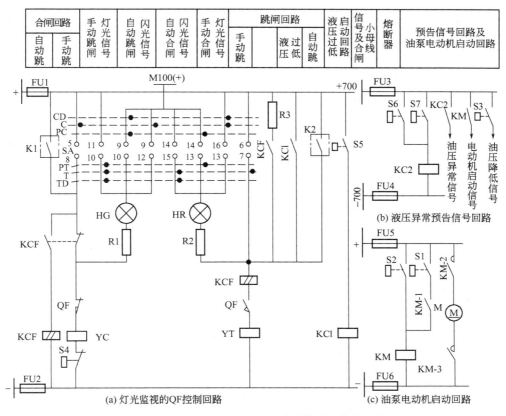

(a) 灯光监视的 QF 控制回路　　(b) 液压异常预告信号回路　　(c) 油泵电动机启动回路

图 3-11　液压操动灯光监视的断路器控制、信号电路图

① 液压操动机构的压力控制。为保证断路器的正常工作，油压应维持在 15.8～17.5MPa 的范围内，否则应进行调节。

a. 当油压低于 17.5MPa 时，S1 闭合；当油压降至 15.5MPa 时，S2 闭合使接触器 KM 启动，其 KM-1 触点闭合，经 S 使 KM 自保持；KM-2 与 KM-3 触点闭合，使电动机 M 启动升高油压，KM 触点闭合，发出电动机 M 启动信号。

b. 当油压升至 15.5MPa 以上时，S2 断开，但直到升至 17.5MPa 时，S1 断开，KM 线圈失电，油泵电动机才停止转动。以此维持油泵油压在 15.8～17.5MPa 范围内。

② 油压异常时发出信号。

a. 当油压降至 14.4MPa 时，S3 闭合，发出油压降低信号。

b. 当油压降至 13.2MPa 时，S4 断开，切断断路器合闸回路，即行使"油压降低闭锁合闸"功能，避免断路器在油压过低时合闸的"慢爬"现象。

c. 当油压降至 10MPa 以下时 S6 闭合，油压超过 20MPa 时 S7 闭合，都能使中间继电器 KC2 启动，其动合触点闭合发出油压异常信号。

③ 油压严重下降时，断路器自动跳闸。当油压严重下降时（如低于 12.6MPa），S5 闭合，启动中间继电器 KC1，其动合触点闭合，接通断路器跳闸线圈 YT，使断路器自动跳闸，退出工作。

第四节　断路器的运行检查和常见故障处理

一、运行中巡视检查

断路器除了在投入运行前进行一般性的检查外，在运行一段时间后，还应经常巡视检查以保证正常工作状态。

① 检查所带的正常最大负荷电流是否超过断路器的额定值。

② 检查触头系统和导线连接点处有无过热现象，对有热元件保护装置的更要特别注意。

③ 检查电流分合闸状态、辅助触头与信号指示是否符合要求。

④ 监听断路器在运行中有无异常响声。

⑤ 检查传动机构有无变形、锈蚀、销钉松脱现象，弹簧是否完好；检查电磁铁机构及电动机合闸机构的润滑情况，机件有无裂损现象。

⑥ 检查相间绝缘、主轴连杆有无裂痕、表面剥落和放电现象；检查绝缘外壳和操作手柄有无裂损现象。

⑦ 检查脱扣器工作状态，整定值指示位置与被保护负荷是否符合，有无变动，电磁铁表面及间隙是否正常、清洁，短路环有无损伤，弹簧有无腐蚀，脱扣线圈有无过热现象和异常响声。

⑧ 检查灭弧室的工作位置有无受振动而移动，有无破裂和松动情况，外观是否完整，有无喷弧痕迹和受潮现象，是否因触头接触不良而发出放电响声。

⑨ 灭弧室损坏时，无论是多相还是一相，都必须停止使用，以免在断开时造成飞弧现象，引起相间短路而扩大事故范围。

⑩ 当发生长时间的负荷变动时，应相应调节过电流脱扣器的整定值，必要时可更换开关或附件；在运行中发现过热，应立即设法减少负荷，停止运行并做好安全措施。

二、常见故障与处理

1. 手动操作断路器触头不能闭合

① 失压脱扣器无电压或脱扣线圈烧坏，应检查线路电压，如正常可更换线圈。

② 储能弹簧变形，导致闭合力减小。应更换弹簧。

③ 机构不能复位再扣，应调整再扣接触面至规定值。

④ 反作用弹簧力太大，应重新调整弹簧压力。

2. 电动操作断路器触头不能闭合

① 操作电压不符，应调整或更换电源。

② 电源容量不够，应增大操作电源容量。

③ 电磁铁拉杆行程不够，应重新调整或更换拉杆。

④ 电动机操作定位开关失灵，应重新调整开关。

⑤ 控制器中整流管或电容器损坏，应更换元件。

3. 有一相触头不能闭合

① 一相连杆断裂，应更换连杆。

② 限流开关拆开机构的可拆连杆之间的角度变大，应调整到原来数值。

4. 分励脱扣器不能使断路器分断

① 线圈断路，应更换线圈。

② 电源电压过低，应检查并调整电源电压。

③ 再扣接触面太大，应重新调整。

④ 螺钉松动，应紧固螺钉。

5. 失压脱扣器不能使断路器分断

① 反力弹簧力变小，应调整弹簧弹力。

② 机构卡住，应排除卡住故障。

③ 如为储能释放时储能弹簧断裂或弹簧力变小，应调整或更换弹簧。

6. 启动电动机时断路器立即分断

① 过电流脱扣器瞬时整定值太小，应调整过电流脱扣器瞬时整定弹簧。

② 脱扣器反力弹簧断裂或落下，应更换或更新安装弹簧。

③ 脱扣器的某些零件损坏，应更换脱扣器或零件。

7. 断路器闭合后一定时间自动分断

① 过电流脱扣器长延时整定值不对，应重新进行调整或更换。

② 热元件或半导体延时电路元件变质，应更换元件。

8. 失压脱扣器噪声

① 反力弹簧力过大，应重新调整弹簧。

② 铁芯工作表面有污油，应清除污油。

③ 短路环断裂，应更换衔铁或短路环。

9. 温度过高

① 触头压力过分降低，应调整触头压力或更换弹簧。

② 触头表面磨损严重或接触不良，应更换触头或断路器。

③ 两个导电零件连接螺钉松动，应拧紧螺钉。

④ 过负荷，应立即设法减轻负荷。

⑤ 触头表面氧化或有油污，可清除氧化膜或油污。

10. 防跳回路不起作用的原因

① 防跳继电器电流线圈启动电流太大和电压线圈保持电压太高。

② 防跳继电器电压线圈烧断或松动。

③ 防跳继电器电压线圈、电流线圈极性接反。

④ 防跳继电器有关触点接触不良。

⑤ 防跳继电器自保持接点位置接错。

⑥ 保护与断路器中防跳回路共用。

⑦ 二次回路中有松动或接触不良，等等。

11. 断路器跳闸后，喇叭不响

当断路器事故跳闸后，喇叭不响时，首先按事故信号试验按钮，喇叭不响，则说明事故信号装置故障，这时，应检查冲击继电器及喇叭是否断线或接触不良，电源保险是否烧断或接触不良，若按试验按钮喇叭响时，则应检查控制开关把手和断路器的不对应启动回路，包括断路器辅助接点（或位置继电器接点），控制开关把手接点及辅助电阻，其他二次回路接触不良或断线，等等。

三、断路器故障分析实例

1. 常见开关触点引起断路器跳跃故障举例

断路器产生跳跃故障可以分为两种情况：一是控制回路没有故障，由于开关机构或辅助触点接触不良，开关触点卡住等原因构成的断路器跳跃。二是控制回路确有故障，开关合于故障点，保护动作使开关跳闸，此时 SA 开关尚未返回（或自动装置触点卡住等），即经 SA 开关 5、8 触点再次发出合闸脉冲使开关合闸，将造成扩大故障损坏设备的后果。

某变电所在 10kV 线路保护整组试验过程中，发现开关多次出现跳跃现象，且跳跃过程中防跳继电器 KCF 动作但没有保持。处理此类问题时，首先应想到是否是防跳装置出现故障。校验防跳继电器后显示继电器工作正常，说明二次回路接线可能有问题。检查二次回路后发现控制开关 SA 的 5 与 8 接点粘连，且防跳保持回路错误地接至图 3-12 中虚线 1 所示位置，KCF1 电流线圈动作后其电压线圈 KCF2 不能自保持，造成防跳装置失灵，开关多次分合闸。

KCF1 电流线圈和 KCF2 电压线圈在运行过程中，因长时间通电，经常会造成线圈之间的绝缘降低甚至击穿，造成设备运行故障。如某变电所 10kV 线路中一条线路故障跳闸后，开关没有进行重合闸。现场处理时，一般应检查合闸回路本身有无故障，如合闸接触器（KM）是否烧坏，开关辅助触点接触是否良好，或重合闸回路工作是否正常，如重合闸继电器中的时间元件有没有启动等。重合闸装置试验后显示正确动作，合闸回路及开关辅助触点等也没有损坏的迹象，但二次回路放上控制熔丝后用万用表电压挡测量，合闸回路中 KCF 常闭接点保持打开。测量 KCF1 电流线圈和 KCF2 电压线圈之间的绝缘电阻发现绝缘已击穿（如图 3-12 中虚线 2 所示）。由于 KCF1 电流线圈和 KCF2 电压线圈之间的绝缘击穿，KCF2 电压线圈（正电源、SA 开关的 13 与 16 接点、HR、KCF2 的电压线圈、负电源）动作，使 KCF 常闭接点保持打开，合闸回路被闭锁，当事故跳闸或手动分闸后开关不能合闸。更换新的 KCF 继电器后上述故障现象即消失。

2. 断路器液压操动机构直流接地及二次回路误接线故障

（1）故障现象

某（220kV）变电站新 24 断路器合闸操作原理接线图如图 3-13 所示。

新 24 断路器为 220kV 新 24 线路及由 2# 主变压器高压侧组成的"线路变压器组"断路器，大修完毕验收时出现故障。

① 新 24 断路器跳合闸回路闭锁功能试验时，出现 C 相操动机构箱内直流接地。

② 新 24 保护带断路器及综合重合闸联动整组试验完毕后，由于 A 相操动机构出现液

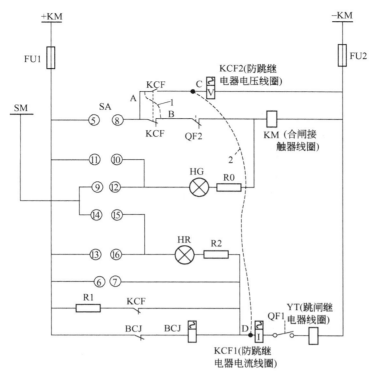

图 3-12　断路器跳跃故障图

压系统内部渗漏，操动机构频繁打压。于是检修液压操动机构，检修完毕后，新 24 断路器投入运行的操作中，发生断路器 A 相不能合闸，并烧坏 A 相操动机构的"跳闸 1"线圈。

（2）故障检修

新 24 线路保护装置为双高频保护设置：一套保护装置为 LFP-902A 微机型，配有 SF-600 型收发信机，组合成 PLP02-16 型保护屏；另一套保护装置为 WXH-11C/x 微机型，配有 SF-500 型收发信机，组合成 PXH-306X 型保护屏。故障时天气情况：阴天。

故障检修一：新 24 断路器液压操动机构液压降低闭锁跳、合闸回路功能试验时，直流屏上绝缘监察装置发出"直流系统接地"告警信号，不能消除。现场测试直流系统，正极对地电压为"＋26V"，负极对地电压为"－196V"，判断为直流系统正极有接地。随后分别断开新 24 断路器 A、B、C 三相三个操动机构箱内的液压操动机构储能电源开关，当断开 C 相操动机构箱内液压储能电源开关时，"直流系统接地"信号消失，从而锁定直流系统接地故障在 C 相操动机构箱内的液压储能回路。

按机构箱二次回路图中的液压储能回路接线图一步步进行测试检查（见图 3-14）。

① 断开储能电源开关，将液压操动机构卸完压，用万用表测试液压储能回路对地电阻值较小，再测试接触器 ZLC 的主动合触点至储能电动机对地的电阻无穷大，排除直流电动机接地，判断接地应在接触器 ZLC 的启动部分。

② 解列行程开关 2CK 的二次接线，万用表测试 2CK 各触点对地的电阻无穷大，排除 2CK 内部接地。解列行程开关 1CK 的二次接线，测试 1CK 各触点对地的电阻无穷

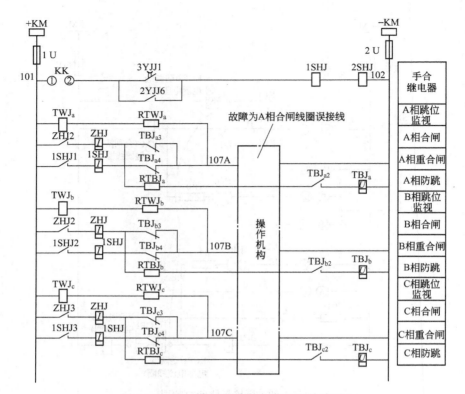

图 3-13　新 24 断路器合闸操作原理接线图

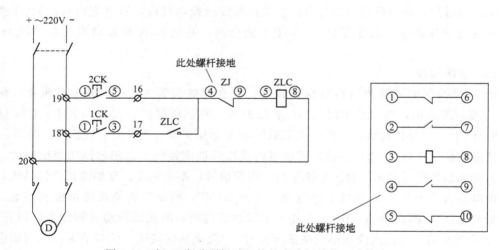

图 3-14　新 24 断路器操动机构箱内液压储能回路接线图

大，排除 1CK 内部接地。

③ 将接触器 ZLC 线圈至压力异常中间继电器 ZJ 的二次接线解列开，测试 20♯端子对地电阻为无穷大，排除 ZLC 线圈及其二次接线接地。

④ 恢复接触器 ZLC 线圈接线，测试 20♯端子对地电阻值较小，于是将压力异常中间继电器 ZJ 从继电器底座中拔出，再测试 20♯端子对地电阻值为无穷大，从而判断直流接地与中间继电器 ZJ 有关。但单独检查中间继电器 ZJ 本身，未发现有接地。

⑤ 在中间继电器 ZJ 底座处，解列开 ZJ 动断触点至接触器 ZLC 线圈和 ZLC 辅助动合触点的二次接线，测其二次接线对地阻值为无穷大，说明其二次接线无接地。

⑥ 直接测试中间继电器 ZJ 底座上的二次接线端子，见其至接触器 ZLC 辅助动合触点二次接线的接线端子对地阻值很小，判断接地点发生在 ZJ 底座。

⑦ 在中间继电器 ZJ 底座处，解列开至其他元件的所有二次接线。从元件固定支架板上卸下中间继电器底座，见中间继电器底座与元件固定支架板之间加装的 1mm 厚环氧树脂薄板，薄板中部有一个小洞，小洞对支架板处有放电烧黑的痕迹。打开环氧树脂薄板，见到与小洞对应的继电器④脚与底座的连接螺杆处也有放电烧黑痕迹，该螺杆为 ZJ 动断触点至 ZLC 辅助动合触点的引出线螺杆，并且螺杆略高出继电器底座的平面。判断为因螺杆偏长，顶住环氧树脂薄板（该薄板起继电器螺杆与支架板的绝缘隔离作用）安装。由于断路器长期运行中和试验时的操作引起机构振动，该螺杆与环氧树脂薄板摩擦过多后，慢慢顶穿薄板，最后使螺杆穿过薄板与金属支架板接触，造成直流回路经该接线螺杆接地。

⑧ 现场更换环氧树脂薄板，对稍长出继电器底座的接线螺杆进行截短处理，恢复继电器底座安装及储能电路的所有二次接线。测试液压储能回路无接地，投入储能电源，再对储能电动机运转等进行一系列试验，无"直流系统接地"告警信号发出。测试直流电源正极对地电压为"＋109V"，负极对地电压为"－113V"，判断直流接地故障消除。

故障检修二：继电保护人员对新 24 断路器进行了保护带断路器及综合重合闸整组联动等一系列试验，试验项目都合格。但在试验中，发现新 24 断路器 A 相液压操动机构频繁储能，经一次设备检修人员检查，为该操动机构液压系统内部有渗漏。接着检修人员对 A 相操动机构液压系统进行检修，处理完后按电力调度命令进行 2♯ 主变压器投入运行的操作。当对新 24 断路器合闸操作时，见新 24 断路器控制屏上 B、C 两相合闸位置红色指示灯亮了一下，新 24 断路器又跳开，红色指示灯熄灭，绿色指示灯闪光，警笛响。检查新 24 断路器，发现 A 相操动机构内"跳闸 1"线圈冒烟烧坏，再检查新 24 线路保护为 LFP-902A 保护动作跳闸，保护显示屏幕事件记录为"GRCF 保护动作"（合闸于故障线路三相跳闸）。

投入新 24 保护和控制电源熔断器，在控制屏上用控制把手操作断路器合闸时，B、C 两相都能正确合闸，而 A 相断路器却不能合闸，并且辅助开关传动连杆没有变化，辅助开关也未转换，不是烧坏合闸线圈，而是烧坏"跳闸 1"线圈，于是判断跳、合线圈可能接错。检查跳、合闸线圈接线情况并与 B、C 相机构参照比较，发现 A 相操动机构箱内跳、合闸线圈在"跳、合闸线圈专用接线端子排"上接错（因机构为 11/2 断路器有两个跳闸线圈，所以又加有跳、合闸线圈专用接线端子排），被三次烧坏的"跳闸 1"线圈接入到合闸回路，而合闸线圈却接入到"跳闸 1"回路（见图 3-15）。

更换烧坏的"跳闸 1"线圈，并更正跳、合闸线圈接线后，再进行新 24 断路器合、分闸操作试验，A、B、C 三相都能正确合闸和跳闸，新 24 线路保护带断路器及综合重合闸整组联动试验合格。判断二次回路故障已处理完毕，于是恢复新 24 断路器投运操作，2♯ 主变压器顺利投入运行。

（3）故障分析

由于新 24 断路器 A 相操动机构内"跳闸 1 线圈"和"合闸线圈"相互接线错误。一

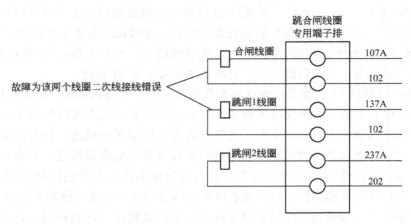

图 3-15　新 24 断路器机构箱内跳、合闸线圈专用接线端子排

是当操作新 24 断路器合闸时，合闸线圈不能带电，合闸阀电磁铁不能动作，无法通过机构向 A 相断路器进行合闸驱动，A 相断路器不能合闸；二是由于 A 相断路器因操动机构不能传动而辅助开关不能转换，一经合闸操作，手合继电器 1SHJ 动作；A 相断路器合闸回路中的 1SHJ1 动合触点闭合，其动合触点串接的一组自保持电流线圈经 A 相机构辅助开关动断触点及"跳闸 1"线圈回路而被自保持，将手合继电器 1SHJ 一直保持于动作状态，导致"跳闸 1"线圈一直带电到烧坏。

（4）故障结论

① 新 24 断路器 C 相操动机构箱发生直流接地故障是继电器带正电源回路的螺杆与金属支架板接触，引起直流系统正极接地。

② 新 24 断路器 A 相不能合闸和烧坏"跳闸 1"线圈故障是由于"跳闸 1 线圈"和"合闸线圈"相互接线错误：合闸操作时使 A 相断路器操动机构不能进行合闸驱动，A 相断路器不能合闸；而手合继电器自保持，使接线错误的"跳闸 1"线圈一直带电直到烧坏。

（5）防范措施

① 对新 24 断路器 B、C 两相操动机构的压力异常中间继电器底座也进行拆卸检查和处理，以防止类似的直流接地故障的发生，对其他变电站同类型液压操动机构也应全面检查和处理。

② 在变动二次回路后，必须进行相应的传动试验，必要时还应模拟各种故障进行整组试验，不得存有侥幸和蒙混过关的心理或行为。

3. 断路器自带防跳功能引起的操作回路故障

（1）故障现象

某水泥厂新建 110kV 变电站在进行 1# 主变压器 110kV 侧断路器操作分、合闸试验时，出现断路器自带防跳功能引起的操作回路故障。

（2）故障检修

1# 主变压器 110kV 侧断路器为 LW36-126C，户内手车式 SF$_6$ 断路器，配置 CT-110 型弹簧储能操作机构，1# 主变压器保护监控装置为 GPST620-1101 微机型。故障时天气情况：多云。

在二次安装工作完毕后，进行 1♯ 主变压器 110kV 侧断路器操作分、合闸试验时，机构内选择方式开关 KK 置于"远方"位置（见图 3-16）。当用保护屏上的控制开关操作"合"，断路器可靠合闸，但保护屏上的断路器合闸位置指示"红灯"和跳闸指示"绿灯"同时都亮；操作控制开关"分"，断路器可靠跳闸，保护屏上的跳闸指示"绿灯"亮。但再用控制开关操作"合"时，断路器却不能再合闸。检查机构内电气元件，见中间继电器 1ZJ 正处于动作励磁状态。按以往工作经验，判断为断路器自带防跳功能引起。

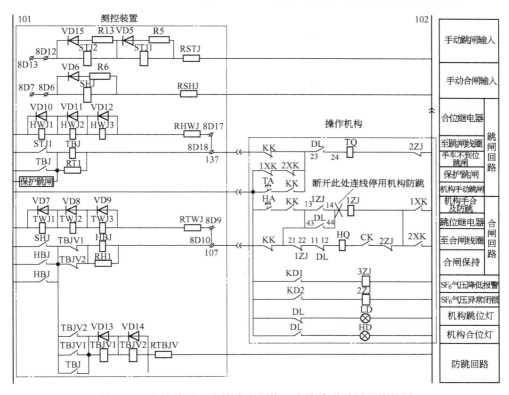

图 3-16　监控装置二次接线和机构二次接线联系原理接线图

查阅断路器机构二次接线原理图，可知机构内设置有防跳回路。1ZJ 即为防跳继电器，其线圈一端经手车位置行程开关 1XK、2XK 并联的动合触点再接负电源；另一端经断路器辅助开关动合触点 DL（44-43）与 1ZJ 自保持动合触点 1ZJ（14-13）并联后；再接入动断触点 1ZJ（21-22）与选择方式开关 KK 触点串联之间的合闸回路和机构手合按钮 HA 回路。机构内防跳回路用途是：一次设备运行时，当操作合闸于永久性故障电气设备（线路、主变压器等），并且合闸控制开关合闸触点卡死（或重合闸继电器出口元件动作后动合触点闭合不能返回）时，合闸回路会一直存在正电位，将出现断路器合闸—保护动作使断路器跳闸—断路器又合闸—断路器又跳闸的恶性"跳跃"故障。此时当断路器合闸，断路器辅助开关动合触点 DL（44-43）闭合将合闸回路正电位引入 1ZJ 线圈，1ZJ 励磁动作，使串接入合闸回路中的动断触点 1ZJ（21-22）断开，将合闸线圈回路切断，断路器跳闸后不能再合闸，同时动合触点 1ZJ（14-13）闭合将 1ZJ 保持在一直励磁动作。只有在断开控制电源后，1ZJ 才失磁返回，才能再进行操作断路器合闸。由于监控装置也有防跳回路，两个防跳回路相加却产生负面效果。

① 机构内选择方式开关 KK 置于"远方"位置，第一次保护屏上控制开关操作"合"时，由于 1ZJ 未动作，动断触点 1ZJ（21-22）闭合，正电源经 SHJ 动合触点—TBJV1、TBJV2 动断触点—HBJ 电流线圈—选择方式开关 KK（2-4）—动断触点 1ZJ（21-22）—辅助开关动断触点 DL（11-12）—合闸线圈 HQ，使 HQ 励磁，断路器合闸。

② 断路器合闸后，辅助开关动合触点 DL（44-43）闭合。由于手动操作开关"合"的滞后返回，正电源经 SHJ 动合触点—TBJV2 动断触点—HBJ 电流线圈—选择方式开关 KK（2-4）—DL（44-43）—1ZJ 线圈，使 1ZJ 励磁动作，动合触点 1ZJ（14-13）闭合将 1ZJ 保持在动作状态。手动操作开关"合"返回后，虽然 SHJ 动合触点断开，但正电源改为经跳闸位置中间继电器 TWJ 线圈将 1ZJ 一直保持于励磁动作状态，其串接入合闸回路中的动断触点 1ZJ（21-22）断开，将合闸线圈回路切断，使断路器不能再进行操作合闸。此时测试回路电压：正电源至 8D10、8D9（回路编号 107）之间为 171V，即 TWJ 线圈两端电压值，判断 TWJ 线圈动作；负电源至 8D10、8D9 之间为 48V，即 1ZJ 线圈两端电压值（1ZJ 线圈测试值相同），观察 1ZJ 处于动作状态。

③ 断路器合闸后，虽然合闸回路中的断路器辅助开关动合触点 DL（11-12）和动断触点 1ZJ（21-22）都断开，但跳闸位置中间继电器 TWJ 可通过 DL（44-43）与 1ZJ（14-13）由 1ZJ 线圈回路获得负电位而动作，所以断路器合闸后保护屏上的断路器合闸位置指示"红灯"和跳闸指示"绿灯"同时都亮，即 TWJ、HWJ 都处于动作状态。

④ 断路器合闸后，因为跳闸回路未被断开，所以断路器能经控制开关操作跳闸。断路器跳闸后，跳闸回路中的辅助开关动合触点 DL（23-24）断开，合闸位置中间继电器 HWJ 返回，"红灯"熄灭，只"绿灯"亮。虽然 1ZJ 线圈回路中的动合触点 DL（44-43）断开。但动合触点 1ZJ（14-13）仍将 1ZJ 保持在动作状态，也使串接入合闸回路中的动断触点 1ZJ（21-22）保持在断开状态，再用控制开关操作"合"时，断路器却不能合闸。只有将控制电源断开，使 1ZJ 失磁返回，才能第二次成功进行断路器操作合闸。

分析出两个防跳回路相加，1ZJ 是产生负面效果的重要原因后，于是将 1ZJ 线圈至断路器辅助开关动合触点 DL（44-43）和至 1ZJ 自保持动合触点 1ZJ（14-13）间的连接线断开，即将 1ZJ 的防跳功能退出。由于 1ZJ 不能再动作，其串接入合闸回路中的动断触点 1ZJ（21-22）不能再断开，不再影响断路器第二次操作合闸，而监控装置仍然能起到防跳功能。再多次操作控制开关合、分闸，断路器都能可靠合闸和跳闸。断路器合闸位置指示"红灯"和跳闸指示"绿灯"都很正常。

断路器合闸后，其辅助开关 DL（11-12）断开，跳闸位置中间继电器 TWJ 无法由 1ZJ 线圈回路获得负电位而不能动作，保护屏上只有"红灯"亮，不再有"红灯、绿灯"同时亮的不正常现象。

（3）故障结论

① 由于手车式断路器机构内自带有防跳功能与监控装置内的防跳功能发生负面影响，在保护屏上用控制开关"远方"操作断路器合闸时，机构内防跳继电器 1ZJ 线圈励磁动作并自保持，在操作断路器跳闸后，1ZJ 也一直保持在励磁动作状态，并通过其所带的一对动断触点将合闸回路一直断开，使断路器不能再操作合闸。

② 由于合闸操作后，1ZJ 动作并自保持，使跳闸位置中间继电器线圈经 1ZJ 自保持动合触点和 1ZJ 线圈又获得负电位而一直处于动作状态，以致出现断路器处于合闸后位置

时，TWJ、HWJ 都动作，断路器位置指示"红灯、绿灯"同时都点亮的不正常指示。

（4）类似故障

该站 10kV 断路器柜操作分、合闸试验时，也出现不正常现象。

① 断路器合闸后，保护监控装置上的断路器位置合闸指示"红灯"和跳闸位置指示"绿灯"同时都亮。

② 先操作断路器合闸，在弹簧储能过程中再操作断路器跳闸，在弹簧储能完毕后再操作"合"，断路器不能合闸。

检查见 10kV 断路器柜机构也自带有防跳功能。

采用与 110kV 手车断路器故障处理相同方法，将断路器机构内防跳继电器 ZLC 线圈一端解列开，以解除机构自带防跳功能，并用绝缘材料包扎好解列出的二次线，以防直流回路接地。更改后经试验，10kV 断路器操作分、合闸正常，保护监控装置上的合闸位置指示"红灯"和跳闸指示"绿灯"指示恢复正确（见图 3-17）。

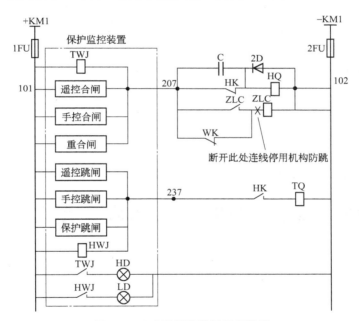

图 3-17　10kV 断路器柜原理接线

（5）防范措施

对断路器一个控制回路中有两套防跳元件的设备，只使用监控装置的防跳功能，将断路器自带的防跳功能解除。

第四章
变压器保护的二次回路

变压器是发电厂和变电所中最重要的电气设备之一，保证它的正常安全运行，对电力系统持续可靠供电起着举足轻重的作用。所以，对发电厂、变电所的主变压器，除采用先进、优良的产品外，还要配置技术先进、动作可靠的整套继电保护系统，以确保变压器发生故障时把损失和影响降低到最低限度。变压器的继电保护装置主要有：

① 变压器油箱内部故障和油面降低的气体保护；

② 变压器绕组及引出线的相间短路及匝间短路的纵联差动或速断保护；

③ 大电流接地系统零序电流保护；

④ 后备过流保护；

⑤ 过负荷保护。

另外，还可根据特殊要求加装相应的保护装置。

第一节　变压器内部气体保护的二次回路

气体保护（旧称瓦斯保护）是一种反映非电气量的保护，具有原理简单、动作可靠、价格便宜等突出优点，因此，长期以来一直得到了广泛应用。

气体保护二次回路的主要元器件是气体继电器，它安装在变压器油箱与油枕之间的连接管中。当变压器内部发生故障时，短路电流使油箱中的油加热膨胀，产生的瓦斯气体沿连接管经气体继电器向油枕中流动。当气体达到一定数量时，气体继电器的挡板被冲动，并向一方倾斜，带动继电器的触点闭合，接通跳闸或信号回路，如图4-1所示。

图4-1中，气体继电器KG的上触点为轻气体保护，接通后发信号；下触点为重气体保护，触点闭合后经信号继电器KS、连接片XB启动中间继电器KCO；KCO动作后两对触点闭合，分别经断路器QF1、QF2的辅助触点接通各自的跳闸回路，跳开变压器两侧的断路器。它们动作程序为：

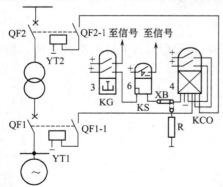

图 4-1　变压器内部气体保护的二次
回路原理接线图

+电源→KG→KS→XB→KCO 线圈→电源，启动 KCO；

+电源→KCO→QF1-1→YT1→—电源，跳 QF1；

+电源→KCO→QF2-1→YT2→—电源，跳 QF2。

当要求气体保护只发信号不跳闸时，可把连接片 XB 连接在与电阻 R 接通的位置上。YT1、YT2 分别为断路器 QF1、QF2 的跳闸线圈。

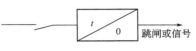

图 4-2　变压器气体保护逻辑图

气体保护逻辑图如图 4-2 所示。当气体保护触点闭合后，经延时（如需瞬动保护，可以将 t 整定为零）动作于保护出口。

第二节　变压器外部保护的二次回路

一、变压器短路的电流速断保护二次回路

变压器的气体保护只能保护变压器内部故障，包括漏油、漏气、油内有气、匝间故

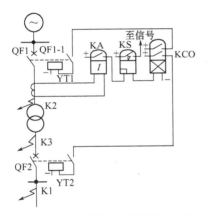

图 4-3　变压器电流速断保护二次
回路原理接线图

障、绕组相间短路等，而变压器套管以外的短路要靠电流速断保护和主保护差动保护去切除。通常，对小容量变压器（单台容量在 7500kV·A 以下）装设电流速断保护；对于大容量变压器，则必须配置差动保护。电流速断保护一般只装在供电侧，动作电流按超过变压器外部故障（如 K1 点）的最大短路电流整定，动作灵敏度则按保护安装处（K2 点）发生两相金属性短路时流过保护的最小短路电流校检。

小容量变压器短路电流速断保护二次回路原理接线图如图 4-3 所示。当变压器发生短路时，短路电流大于电流继电器保护动作定值，电流继电器 KA 动作，经信号继电器 KS 启动出口中间继电器 KCO。KCO 动作后，两对触点分别经变压器两侧断路器

QF1、QF2 的辅助触点接通跳闸回路，跳开 QF1、QF2，排除故障。

其跳闸二次逻辑回路及动作程序如下：

+电源→KA→KS→KCO→—电源，启动 KCO；

+电源→KCO1→QF1-1→YT1→—电源，跳 QF1；

+电源→KCO2→QF2-1→YT2→—电源，跳 QF2。

二、变压器的过电流保护二次回路

为反映变压器外部故障而引起的变压器绕组过电流，以及在变压器内部故障时，作为差动保护和气体保护的后备保护，变压器应装设过电流保护。过电流保护装在电源侧，对于双绕组降压变压器的负荷侧，一般不应配置保护装置。当过电流保护动作灵敏度不够时，可加低电压闭锁，因此过电流保护有不带电压闭锁和带电压闭锁两种。

1. 不带低电压闭锁的过电流保护二次回路

过电流保护二次回路由测量单元（电流继电器 KA、延时元件 KT）和保护单元（信号继电器 KS、中间继电器 KCO）构成，原理接线图如图 4-4 所示。

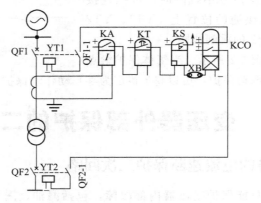

图 4-4 不带低电压闭锁的过电流保护二次回路原理接线图

当短路电流达到或超过电流继电器的动作定值时，KA 动作并启动延时元件 KT，经给定的延时，KA 的动合触点闭合，经信号继电器 KS 启动中间继电器 KCO。KCO 的两对触点闭合后，分别跳开变压器原、副边的断路器 QF1、QF2，其过电流保护的直流回路展开图如图 4-5 所示。保护动作过程如下：

＋电源→KA→KT 线圈→－电源，启动 KT 延时；

＋电源→KT→KS→XB→KCO 线圈→－电源，启动 KCO；

＋电源→KCO1→QF1-1→YT1 线圈→－电源，使 QF1 断开；

＋电源→KCO2→QF2-1→YT2 线圈→－电源，使 QF2 断开。

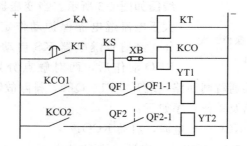

图 4-5 不带低电压闭锁的过电流保护的直流回路展开图

2. 带低电压闭锁的过电流保护二次回路

当变压器的过电流保护设定值经核算灵敏度不能满足要求时，应采取加低电压闭锁的措施。过电流保护有了低电压闭锁后，其动作值不必再按最大负荷电流整定，而可以按变压器的额定电流整定，以提高过电流继电器的动作灵敏度。当变压器通过最大负荷电流时，过电流继电器可能动作，但由于电压降低不大，不足以使低电压［一般为（60%～70%）U_N］继电器动作，闭锁过电流保护不会动作。它的过电流保护直流回路展开接线图如图 4-6 所示。

在过电流保护的动作回路中，低电压继电器 KV 的动断触点和过电流继电器的动合触

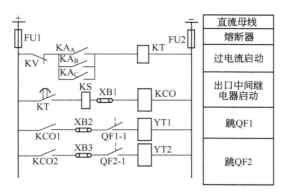

图 4-6 带低电压闭锁的过电流保护直流回路展开图

点 KA$_A$（或 KA$_B$、KA$_C$）为串联接线方式。当电压高于低电压继电器 KV 的动作值时，继电器仍处在励磁状态，其动断触点断开；尽管过负荷电流使过流继电器 KA$_A$（或 KA$_B$、KA$_C$）的动合触点闭合，也不能接通保护的动作回路。如果发生相间短路，电压突然大幅度下降，则低电压继电器 KV 失磁动作，其动断触点闭合；同时电流突然大幅度升高，过电流继电器 KA$_A$（或 KA$_B$、KA$_C$）的动合触点闭合，接通保护的动作回路，并启动时间继电器 KT。经给定延时后 KT 动作，接通跳闸回路，跳开变压器两侧断路器 QF1、QF2。该保护回路的动作程序如下：

+电源→KV→KA→KT 线圈→-电源，启动 KT；

+电源→KT→KS→XB1→KCO 线圈→-电源，启动 KCO；

+电源→KCO1→XB2→QF1-1→YT1→-电源，跳开 QF1；

+电源→KCO2→XB3→QF2-1→YT2→-电源，跳开 QF2。

三、变压器的零序电流保护及过负荷保护二次回路

1. 变压器零序电流保护二次回路

变压器零序电流保护二次回路接线如图 4-7 所示，它是由变压器低压侧中性点引出线上装设了一个电流互感器 TA 和具有常闭触点的 G L 型系列过电流继电器 KA 组成，当变压器低压侧发生单相接地故障时，继电器 KCO 动作，使跳闸线圈带电而跳闸，将故障切除。

2. 变压器的过负荷保护二次回路

变压器的过负荷保护，只有在变压器确有过负荷可能的情况时才装设。过负荷保护是反映变压器正常运行时的过载情况，一般作用于信号。

变压器的过负荷电流在大多数情况下都是三相对称的，因此，过负荷保护只需在一相上装设一个电流继电器 KA。为了防止在短路时发出不必要的信号，还需装设一个时间继电器 KT，使其动作时限大于过电流保护装置的动作时限，一般取 10～15s。最后再通过一个信号继电器给予报警信号。图 4-8 为变压器过负荷保护二次回路接线原理图，对升压变压器 TM，保护装置装设在发电机 G 一侧。对降压变压器，保护装置装设在高压侧。

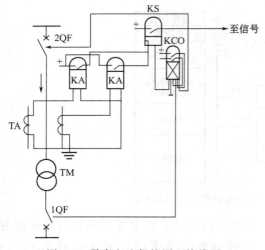

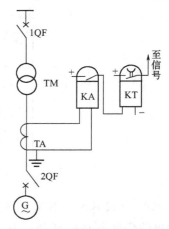

图 4-7　零序电流保护原理接线图　　　　　图 4-8　过负荷保护原理接线图

第三节　三绕组变压器保护装置
二次回路分析举例

现以一种三绕组变压器保护装置为例，分析变压器保护的配置及工作情况。

图 4-9 为三绕组降压变压器保护的二次回路接线图，下面对各个部分分别介绍。

一、一次接线

由图 4-9 （a）可见，三绕组变压器的高、中、低三侧的电压等级分别为 110kV、35kV、10kV。110kV 侧中性点接地，并在中性点与大地之间安装零序过电流保护；35kV 侧中性点不接地，为小电流接地方式；10kV 侧为三角形接线。110kV、35kV 侧均接于双母线，10kV 侧接单母线。

二、继电保护配置

变压器除在主保护配置纵联差动保护和气体保护外，还在高、中压侧安装受复合电压闭锁的过电流保护，低压侧则装不受电压闭锁的过电流保护。详见图 4-9 （b）、（c）、（d）。

变压器保护的配置方案，按其动作速度的快慢可分为三个层次：第一个层次为瞬时动作的保护，即纵差动保护和气体保护，在变压器发生故障时瞬时动作，同时跳开高、中、低压侧断路器，切除故障。

第二个层次是高压侧受复合电压闭锁的过电流保护；中压侧受复合电压闭锁的方向过电流保护及低压侧不受电压闭锁的过电流保护，它们的共同特点是保护的动作时间均为两段式。时间较短的为切母联断路器时间段，时间较长的为切本侧断路器时间段，两段的时间差一般为 0.5s。另外，高压侧还有一套受零序电压闭锁的零序过电流保护，也有两个时间段，同属第二层次。设置这套保护的原因是，当高压侧线路发生接地短路时，由于某种原因故障未被瞬时切除，则可提供用零序过电流保护延时切除故障的机会。若变电所为

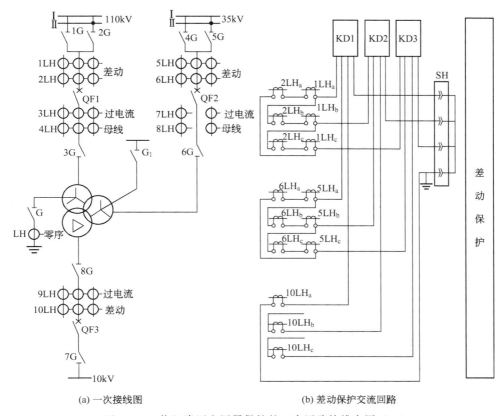

(a) 一次接线图　　　　　　　　　　(b) 差动保护交流回路

图 4-9　三绕组降压变压器保护的二次回路接线全图（一）

两台变压器并联运行，一台中性点接地，另一台中性点不接地，为减少不接地变压器的损伤，可先用较短时间段将其断开，再用较长时间段断开接地的变压器。

第三个层次是中压侧受复合电压闭锁的过电流保护，它的动作时间比第二个层次又高出一个时间差。当变压器内部故障时，第一、二层次保护拒动时，第三个层次将以更长时间动作，跳开高、中、低压侧断路器，切除故障。

另外，需要指出高、中压侧受复合电压闭锁的过电流保护中的复合电压，是负序电压和低电压的复合。在 110kV 和 35kV 的复合电压回路中，低电压继电器 KV1 和 KV2 分别受负序电压继电器动断触点 KVN1 和 KVN2 的控制。在正常运行情况下，负序电压为零，负序电压继电器失磁，其动断触点闭合，接通低电压继电器 KV1 和 KV2 的电源，使之励磁，它的动断触点 KV1 和 KV2 断开保护动作回路。若发生两相短路时，负序电压突然发生并且幅值很大，负序电压继电器励磁，其动断触点断开低电压继电器的电源，使之失磁，它的动断触点闭合，接通保护动作回路。

三、各种保护装置的二次逻辑回路

1. 纵联差动保护

纵联差动保护由差动继电器 KD1～KD3 和信号继电器 KS1 及总出口中间继电器 KCO 构成。当变压器发生故障时纵联差动保护使三侧断路器瞬时动作跳闸，保护动作回路见图

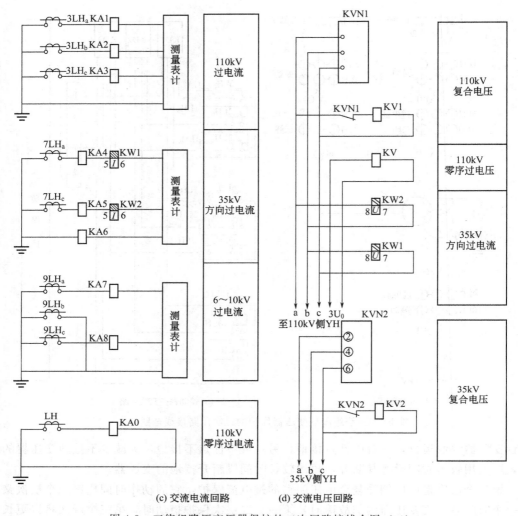

(c) 交流电流回路　　　　　(d) 交流电压回路

图 4-9　三绕组降压变压器保护的二次回路接线全图（二）

4-9（e）、（f）。其动作程序如下。

＋电源→FU1→KD1～KD3→KS1→XB1→KCO 电压线圈→FU2→－电源，启动 KCO；

＋电源→FU3→KCO1→KCO 电流线圈→XB4，跳开 QF1；

＋电源→FU5→KCO2→KCO 电流线圈，跳开 QF2；

＋电源→FU7→KCO3→KCO 电流线圈，跳开 QF3。

2. 气体（瓦斯）保护

气体（瓦斯）保护由气体（瓦斯）继电器 KG、信号继电器 KS、切换连接片 QP 组成。当变压器内部发生故障时，跳开三侧断路器。逻辑回路图为图 4-9（e），其保护的动作程序为：

＋电源→FU1→KG→KS2→QP1→KCO 电压线圈→FU2→－电源，启动 KCO。

总出口中间继电器 KCO 动作后，其三对触点 KCO1～KCO3 分别跳开三侧断路器

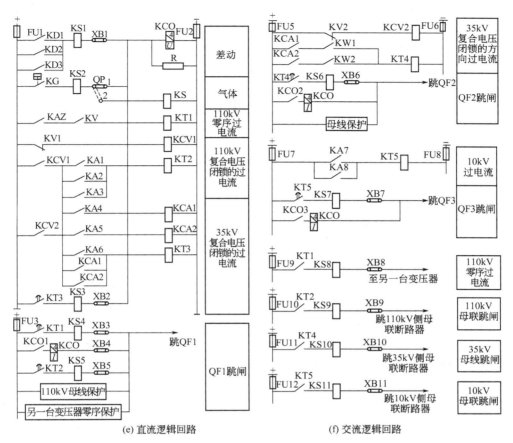

(e) 直流逻辑回路　　　　　　　　(f) 交流逻辑回路

图 4-9　三绕组降压变压器保护的二次回路接线全图（三）

QF1、QF2、QF3。气体（瓦斯）继电器的另一种运行方式是只发信号而不跳闸（又叫轻瓦斯动作），把切换压板由"1"切换到"2"即是。

3. 110kV 侧复合电压闭锁过电流保护

110kV 侧复合电压闭锁的过电流保护由电流继电器 KA1～KA3、电压继电器 KV1、负序电压继电器 KVN1、中间继电器 KCV、时间继电器 KT2 构成。保护的逻辑回路如图 4-9（e）、（f）。保护的动作程序为：

＋电源→FU1→KV1→KCV1 线圈→FU2→－电源，启动 KCV1；

＋电源→FU1→KCV1→KA1～KA3→KT2 线圈→FU2→－电源，启动 KT2。

KT2 有两个时间定值，用较小的定值跳开 110kV 侧母联断路器，用较大的定值跳开本侧断路器。其动作程序为：

＋电源→FU10→KT2→KS9→XB9→跳开 110kV 侧母联断路器；

＋电源→FU3→KT2→KS5→XB5→跳本侧断路器 QF1。

4. 110kV 零序电压闭锁零序过电流保护

110kV 零序电压闭锁的零序过电流保护由电流继电器 KAZ、电压继电器 KV、时间继电器 KT1 和信号继电器 KS4 构成。当发生接地短路时，出现零序电压和零序电流，若灵敏度足够大时两者均动作，逻辑回路如图 4-9（e）、（f）的 110kV 零序电压闭锁的过电流保护，其动作程序为：

+电源→FU1→KAZ→KV→KT1 线圈→FU2→－电源，启动 KT1；

+电源→FU3→KT1→KS4→XB3→跳本侧断路器 QF1。

若本变电所为两台变压器并联运行，应先切除中性点不接地者，其动作回路为：

+电源→FU9→KT1→KS8→XB8→切中性点不接地变压器。

5. 35kV 侧复合电压闭锁过电流保护

该侧复合电压闭锁过电流保护有两套：一是带方向，二是不带方向。

① 复合电压闭锁方向过电流保护为两相式保护。它由电流继电器 KA1、KA5，电流重动继电器 KCA1、KCA2，方向继电器 KW1、KW2，电压重动中间继电器 KCV2，电压继电器 KV2，负序电压继电器 KVN2，时间继电器 KT4，信号继电器 KS6 组成。当发生不对称故障时，负序电压继电器 KVN2 动作后，保护动作程序为：

+电源→FU5→KV2→KCV2 线圈→FU6→－电源，启动 KCV2；

+电源→FU1→KCV2→KA4→KCA1 线圈→FU2→－电源，启动 KCA1；
　　　　　　　　　　　└KA5 → KCA2 线圈 → FU2 →－电源，启动 KCA2；

+电源→FU5→KCA1→KW1┐

+电源→FU5→KCA2→KW2──KT4 线圈→FU6→－电源，启动 KT4；

+电源→FU11→KT4→KS10→XB10→跳母联断路器；

+电源→FU5→KT4→KS6→XB6→跳 QF2。

② 不带方向的复合电压闭锁过电流保护，是由电压继电器 KV2、电压重动中间继电器 KCV2、电流重动继电器 KCA1、KCA2、电流继电器 KA4～KA6、时间继电器 KT3、信号继电器 KS3 构成。当发生不对称故障时，负序电压继电器动作，保护的动作程序为：

+电源→FU5→KV2→KCV2→FU6→－电源，启动 KCV2；

+电源→FU1→KCV2→KA4→KCA1 线圈→FU2→－电源，启动 KCA1；
　　　　　　　　　└KA5 → KCA2 线圈 → FU2 →－电源,启动 KCA2；
　　　　　　　　　└KA6 → KT3 线圈 → FU2 →－电源,启动 KT3；

+电源→FU1→KT3→KS3→XB2→KCO 线圈→FU2→－电源，KCO 动作，其三对触点 KCO1、KCO2、KCO3 闭合后，分别断开三侧断路器 QF1、QF2、QF3，切除故障。

6. 10kV 侧过电流保护

本侧过电流保护由 KA7、KA8 电流继电器，时间继电器 KT5，信号继电器 KS7 组成。保护的动作程序为：

　　　　+电源→FU7──KA7──KT5 线圈→FU8→－电源，启动 KT5；该继电器有两
　　　　　　　　　└KA8─┘

对触点，闭合后分别去跳本侧断路器 QF3 和母线联络断路器，即：

+电源→FU7→KT5→KS7→XB7→跳 QF3；

+电源→FU12→KT5→KS11→XB11→跳 10kV 母联断路器。

7. 信号回路

在信号回路中有瓦斯、温度、110kV 侧及 35kV 侧电压回路断线等信号。当各种信号

动作后，均有光字牌显示，见图 4-9（g）。

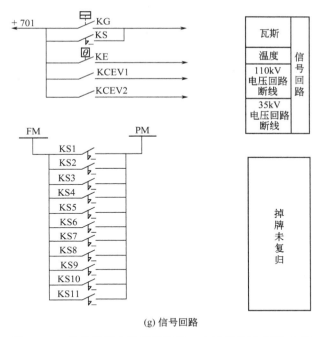

(g) 信号回路

图 4-9　三绕组降压变压器保护的二次回路接线全图（四）

本变压器所设各种保护动作后，均有信号表示，并发出掉牌未复归光字牌。

第四节　主变压器气体继电器故障分析

1. 故障现象及检修

2002 年 11 月 6 日中午，天气晴到多云。ZN（110kV）变电站直流屏发出"直流系统接地"告警信号不能复归。

继电保护人员到达现场后，首先测试直流系统对地电压，正极对地为"0V"，负极对地为"−220V"，判断为直流系统正极金属性直接接地故障。

采用选线方式将各线路保护、控制电源熔断器逐个取下，并同时观察"直流系统接地"信号变化情况，试验见"直流系统接地"告警信号未能消失。判断直流接地与各线路的保护、控制电源无关。继续选线，当取下 1♯ 主变压器保护电源熔断器时，"直流系统接地"信号消失，确定直流接地发生在 1♯ 主变压器保护回路中。

用解列二次接线逐级排除的方法，先室外后室内。在 1♯ 主变压器保护屏端子排上，当解列开保护屏至 1♯ 主变压器端子箱的回路编号为"01"电缆芯线时，"直流系统接地"告警信号消失。再在 1♯ 主变压器端子箱内分别解列端子箱至有关各附件的回路编号"01"电缆芯线，当解列至有载调压气体继电器的"01"电缆芯线时，"直流系统接地"信号消失，判断 1♯ 主变压器有载调压气体继电器二次回路有直流接地点。

电力调度人员将 1♯ 主变压器负荷全部转移到 2♯ 主变压器，并操作 1♯ 主变压器停电和做好安全措施。随后将 1♯ 主变压器及三侧断路器控制电源熔断器全部取下，解列开有载调压气体继电器二次电缆接线，摇测 1♯ 主变压器端子箱至有载调压气体继电器电缆芯线对地绝缘电阻值，都为 100MΩ 以上，说明电缆芯线绝缘良好。再摇测有载调压气体继电器接线柱，见原接入回路编号为"01"的电缆芯线接线柱对地绝缘电阻值为 0MΩ，从而判断有载调压气体继电器内部组件的二次回路接地。

将有载调压气体继电器内及其油枕内变压器油放出，并用备用容器盛装好，做好防潮措施。然后打开气体继电器，发现重气体干簧触点的玻璃管已全部破碎，其中至回路编号为"01"电缆芯线接线柱的干簧触点片搭落在固定触点的金属架上，另一干簧触点片晃晃悠悠地悬空。若是两触点片碰触或同时接地，将引起 1♯ 主变压器"有载调压重气体"保护误动作，会误跳 1♯ 主变压器三侧断路器，后果严重。

一次设备检修人员将合格的备用气体继电器迅速送到现场。更换有载调压气体继电器，恢复其二次接线，在 1♯ 主变压器端子箱内再摇测端子排上回路编号为"01"电缆芯线的二次回路对地绝缘，绝缘电阻值为 180MΩ。投入 1♯ 主变压器保护电源及三侧断路器控制电源熔断器，"直流系统接地"告警信号消失。测试直流系统对地电压，正极对地为"+110V"，负极对地为"−112V"，判断直流系统接地故障处理完毕。随后对有载调压气体继电器及其有载调压装置油枕内注入变压器油，经验收和操作，变电站恢复正常运行。

2. 故障结论及防范措施

由于 ZN 变电站 1♯ 主变压器有载调压气体继电器内重瓦斯干簧触点的玻璃管破碎，使干簧触点片失去支撑，接入直流电源正极的干簧触点片搭落在固定触点的金属架上，导致直流电源正极金属性直接接地故障。

3. 防范措施

① 各变电站若发生直流系统接地故障，应迅速前往处理，严防直流系统接地故障扩大为供电事故，以避免造成重大损失。

② 检查直流系统接地故障时，应使用合格的工器具，严防工作中人为造成直流系统两点接地，使保护装置或断路器发生误动作。

第五章

母线差动及失灵保护的二次回路

第一节　母线差动保护简述

在发电厂、变电所中的母线绝缘子或断路器套管发生闪络，运行人员误操作或外力破坏等情况下，造成母线单相接地或多相短路的可能性是不容忽视的。一旦母线发生短路，众多与之相连的元件随之中断供电，可能导致系统瓦解，造成重大事故。因此，在母线上配置广泛使用的单母线差动保护、双母线固定连接的差动保护及电流相位比较式母线差动保护等，及时准确地切除故障母线，消除或降低故障造成的损失是十分重要的。

当母线发生故障时，可以利用电源侧的保护装置（如过电流或距离保护、零序过电流保护等）切除故障。这样的保护方式是最简单的，母线本身不需加任何保护装置。但其最大的缺点就是切除故障时间过长，往往不能满足系统稳定的要求。因此，这种保护方式只能适用于不重要的较低电压的网络中。至于是否需要装设母线差动保护，应根据以下条件而定。

① 当母线上发生故障而不能快速切除，会破坏系统的稳定性时，应装设母线差动保护。

② 对于具有分段断路器的双母线，并带有重要负荷而线路数又较多时，可视具体情况确定是否装设母线差动保护。

③ 对于发电厂或变电所送电线路的断路器，当其切断容量按电抗器后短路选择的，则在电抗器前（即线路端）发生短路时保护不能启动，此时应装设母线差动保护。

对于母线差动保护的基本要求主要有以下几方面。

① 应能快速地、有选择性地将故障切除。

② 保护装置必须是可靠的，并有足够的灵敏度。

③ 对于中性点直接接地系统应装设三相电流互感器，对于中性点非直接接地系统应装设两相电流互感器，因为这时只要反映相同故障。

第二节　单、双母线差动电流保护

一、单母线完全差动电流保护

单母线完全差动电流保护的原理接线图如图 5-1 所示。从图中可知，流过差动电流继

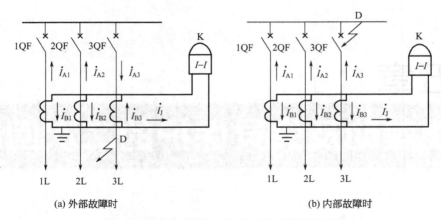

(a) 外部故障时   (b) 内部故障时

图 5-1 单母线完全差动电流保护的原理接线图

电器 K 的电流等于各支路二次电流的相量和（假定流向母线的方向为一次电流的正方向），若不考虑电流互感器的励磁电流，则一次电流与二次电流的关系是

$$i_B = i_A / n$$

式中 i_A、i_B——分别为一次和二次电流；

              n——电流互感器的变比。

以下分析各种运行方式下母线差动保护动作的情况。

1. 正常运行时

根据电工学中的基尔霍夫定律：在任意瞬间，流入节点的电流之和等于流出节点的电流之和。假定各线路中一次电流的正方向均流向母线，则流进母线的电流应等于流出母线的电流，所以三条线路中的一次电流之和应为零，即

$$i_{A1} + i_{A2} + i_{A3} = 0$$

所以，流过差动继电器 K 的电流也为零，故保护装置不会动作。

2. 当外部故障时

如图 5-1(a) 所示，线路 3L 在 D 处发生故障，则一次电流的关系式为

$$i_{A1} + i_{A2} - i_{A3} = 0$$

流入继电器 K 中的电流为

$$i_J = \frac{i_{B1} + i_{B2} - i_{B3}}{n} = 0$$

通常，实际流入继电器中的电流不为零，而是有个很小的不平衡电流，但是不足以使电流继电器动作，所以，保护装置也不会动作。

3. 内部故障时

如图 5-1(b) 所示，若母线 D 处发生故障，则三条线路的短路电流均向母线流去，一次短路电流之和为

$$i_D = i_{A1} + i_{A2} + i_{A3}$$

流入继电器 K 中的电流则为

$$\dot{I}_J = \frac{\dot{I}_{B1} + \dot{I}_{B2} + \dot{I}_{B3}}{n} = \frac{\dot{I}_D}{n}$$

由于继电器动作值 I_{dz} 远小于 $\dfrac{\dot{I}_D}{n}$，所以继电器动作。

二、固定连接的双母线差动保护

为了提高发电厂、变电所运行的可靠性和灵活性，多采用双母线接线方式，而在运行中又多采用母联断路器在合闸状态的同时运行方式。所谓固定连接，就是按照一定的要求，将引出线和有电源的支路分别固定连接在两条母线上。为满足这种运行方式对保护的要求，选择配置了双母线固定连接的差动保护。当其中任一条母线短路时，只切除连接于该母线的元件，而另一条母线仍继续运行，缩小了停电范围，提高了供电的可靠性。

1. 构成原理

图 5-2 为固定连接的双母线差动保护原理接线图。该保护由三部分组成，第一部分是由线路 1L、2L 和母联断路器下端的三组电流互感器构成差动回路，反映三者电流之和，该回路和差动继电器 KD1 构成 I 母线故障的选择元件；第二部分是由线路 3L、4L 和母联断路器上端的三组电流互感器构成差动回路，反映三者电流之和，该回路输出端接入差动继电器 KD2 构成 II 母线故障的选择元件；第三部分是反映第一、二两部分电流之和的完全电流差动回路，该回路的输出端接入差动继电器 KD3 构成双母线的电流差动保护。

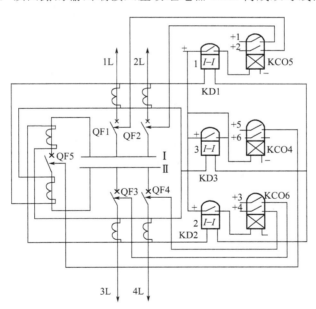

图 5-2　元件固定连接的双母线差动保护原理接线图

在正常运行情况下，母线 I 和母线 II 差动回路，由于连接元件的流入电流和流出电流平衡，故流入差动继电器 KD1、KD2、KD3 的电流为零，差动保护不动作。

2. 正常运行或外部发生故障时的情况

如图 5-3 所示，在正常运行情况下以及保护范围外部发生故障时，流过差动继电器的

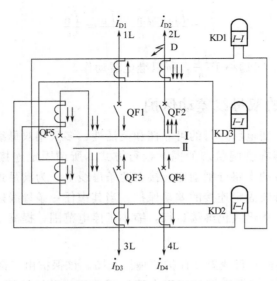

图 5-3　元件固定连接的母线差动保护外部故障时的电流接线图

电流仅是数值很小的不平衡电流。在整定母线差动保护电流动作值时，已考虑跳过此不平衡电流，故母线差动保护的两组选择元件 KD1、KD2 和启动元件 KD3 均不动作。

3. 母线故障时的情况

当图 5-4 中的第 I 段母线发生故障时，差动继电器 KD1 和 KD3 中流过全部的故障电流而动作（第 II 段母线正常，差动继电器 KD2 不动作），并跳开第 I 段故障段母线上所连接的断路器 QF1、QF2 和 QF5。

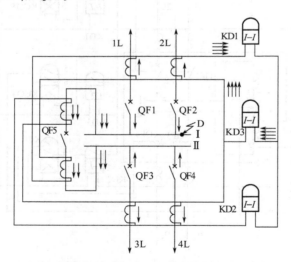

图 5-4　第 I 段母线故障时电流分布图

从两条母线差动回路工作情况分析可知：当母线 I 故障时，差动继电器 KD1 动作是跳开与第 I 段母线相连的 1L、2L 的断路器 QF1、QF2，而 KD3 动作是跳开母联断路器 QF5，达到快速可靠地切除第 I 段母线故障，而第 II 段母线及与其相连的线路仍可继续供电。该原理保护具有良好的选择性，它的缺点是，当固定连接破坏后，母线上发生故障，保护将无选择地跳开与两条母线相连的所有断路器。

4. 固定连接方式破坏后的情况

当固定连接方式破坏后，仍采用双母线同时运行时，若母线上发生故障，则会将母线上所连接的断路器全部跳掉，如图5-5所示。

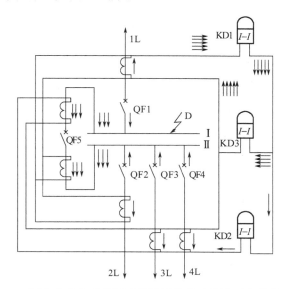

图 5-5 固定连接方式破坏后Ⅰ段母线发生故障时电流分布图

从图 5-5 可以看出，当Ⅰ段母线 D 处发生故障时，差动继电器 KD1、KD2、KD3 均有短路电流流过，并都动作，会无选择性地将Ⅰ段和Ⅱ段母线上连接的断路器全部切除。

若固定连接方式受到破坏后，仍采用双母线运行，而保护区外部又发生故障时，差动继电器 KD1 和 KD2 将流过全部故障电流，但差动继电器 KD3 则未流过故障电流，所以不会造成整套保护装置的误动作。

第三节　电流相位比较式母线差动保护

元件固定连接母线差动保护的缺点是一旦装置的连接方式受到破坏后，如果二次电流不作相应的改变，则将造成无选择性的切除故障。要解决这个问题，可采用电流相位比较式母线差动保护，这种保护既可以保留固定连接母线差动保护的优点，又可以克服元件固定连接母线差动保护受到破坏后的不足。电流相位比较式母线差动保护常广泛应用于110～220kV 的电力系统中。

一、电流相位比较式母线差动保护的原理

电流相位比较式母线差动保护原理接线如图5-6所示，保护装置每相都有两个差动继电器：一个差动继电器 KDW 接在双母线的差动回路上，作为判断母线故障的整套保护启动元件，它具有在母线外部故障不动作、在母线上故障瞬时动作的功能；另一个差动继电器 KDA 是电流相位比较继电器，作为母线故障的选择元件，具有判断故障发生在Ⅰ母线还是Ⅱ母线的功能。KDA 有两个电流线圈，一个接于双母线差动回路（9 端与 16 端），

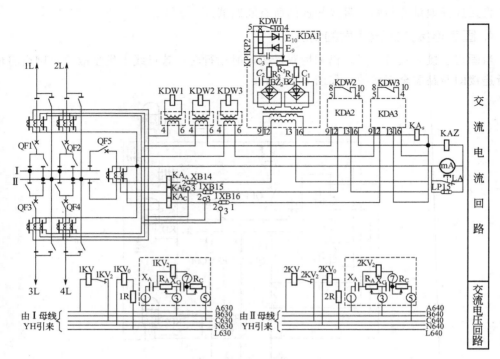

图 5-6 电流相位比较式母线差动保护回路的展开图

另一个接于母联断路器的电流回路中（12 端与 13 端）。当双母线差动电流和母联断路器电流均从同极性端子（9 端和 12 端）分别流入 KDA 的两个电流线圈时，KDA 处于 0°动作区的最灵敏状态，判定故障在 Ⅰ 母线上，执行继电器 KP1 动作，切除与母线 Ⅰ 相连的所有元件；当两路电流从异极性端子（9 端和 13 端）流入 KDA 的两个电流线圈时，KDA 处在 180°动作区的最灵敏位置，判定故障在母线 Ⅱ 上，执行继电器 KP2 动作，切除与母线 Ⅱ 相连的所有元件。

二、固定连接方式下内、外部故障保护的动作分析

1. 保护区外发生故障的分析

在线路 1L 上 D 点短路，短路电流的分布情况如图 5-7 所示。两母线上各元件的短路电流之和为零，母线差动回路中无电流通过，启动元件 KDW 不动作；母联断路器 QF5 中虽有短路电流从极性端 12 通过选择元件 KDA 的另一个电流线圈，但由于母线差动电流为零，作为电流相位比较的 KDA 也不动作。

2. 母线 Ⅰ 发生故障的分析

当母线 Ⅰ 段上发生 D 点短路故障时，短路电流的分布情况如图 5-8 所示。母线差动回路的电流为 4 条线路短路电流之和，启动元件 KDW 动作，其闭锁 KDA 的（8 与 10 端）常闭触点打开，解除对选择元件 KDA 的闭锁，故 KDA 工作。由于差动回路中的故障电流和母联回路中电流分别从 KDA 的两个线圈的正极性端 9 和 12 流入，因此，选择元件 KDA 处在 0°动作区的最灵敏位置，其执行元件 KP1 动作，切除母线 Ⅰ 上的所有元件。

从以上母线 Ⅰ 故障的短路动作情况，也可以推断出母线 Ⅱ 故障时保护的动作行为。当

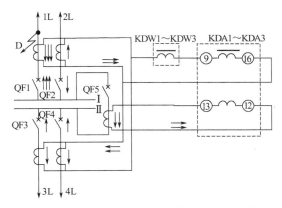

图 5-7　保护区外发生故障时的电流分布情况

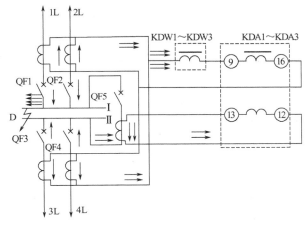

图 5-8　Ⅰ段母线上发生故障时的电流分布情况

母线Ⅱ故障时，母线差动回路电流的大小、方向与母线Ⅰ故障时相同，KDW 动作，其常闭触点打开，解除对选择元件 KDA 的闭锁，故 KDA 工作。差动回路中的故障电流仍从 KDA 的正极性端子 9 流入电流线圈；而通过母联断路器 QF5 回路的电流为线路 1L、2L 的短路电流，其电流方向与母线Ⅰ短路时的电流方向相反，从 KDA 的另一个电流线圈的非极性端 13 流入，选择元件 KDA 则处在 180°动作区的最灵敏位置，执行元件 KP2 动作，切除与母线Ⅱ相连的所有元件。

三、固定连接破坏后发生内、外部故障时保护的动作分析

双母线固定连接破坏后，电流相位比较式母线差动保护具有外部故障不误动、内部故障有选择切除故障的功能。

当固定连接破坏后外部故障引起短路时，线路 1L 的 D 点短路时短路电流分布及差动继电器工作情况如图 5-9 所示，母线差动回路无电流，启动元件 KDW 不动作；故障选择元件 KDA 的 9、16 端电流线圈中无电流，12、13 端的电流线圈虽通入了母联断路器电流，但不能构成电流相位比较，故不动作。

固定连接破坏后Ⅰ母线故障时短路电流分布及差动继电器工作情况如图 5-10 所示。

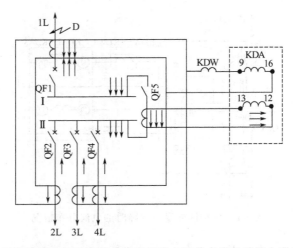

图 5-9　固定连接破坏后外部故障时短路电流分布及差动继电器工作状况

通过双母线差动回路的电流是 4 条线路短路电流之和，启动元件 KDW 动作。母线差动电流同时从正极性端子 9 通过故障选择元件 KDA 的电流线圈；母联断路器电流则从正极性端子 12 通过 KDA 的另一个电流线圈。两电流相位比较为 0°，判定故障发生在 Ⅰ 母线，KDA 动作，由执行元件 KP1 动作，切除与母线 Ⅰ 相连的所有元件。同理，可以分析母线Ⅱ故障时保护的动作情况：双母线差动电流仍为 4 条线路短路电流之和，启动 KDW 并通过 KDA 电流线圈；所不同的是，通过母联断路器的电流仅为线路 1L 的短路电流，并从非极性端子 13 通过 KDA 另一个电流线圈，两电流相位比较为 180°，判定故障在Ⅱ母线上，KDA 动作，由执行元件 KP2 动作切除与Ⅱ母线相连的所有元件。

由上分析可见，固定连接破坏后仍具有对故障内外的明确选择性，是电流相位比较式母线保护的突出优点。

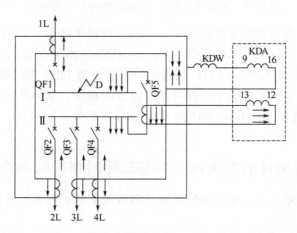

图 5-10　固定连接破坏后Ⅰ母线故障时短路电流分布及差动继电器工作状况

四、电流相位比较式母线差动保护的自身保护措施

为了保证电流相位比较式母线差动保护的自身保护可靠性，在二次回路的一些关键部位采取了若干闭锁措施。

① 选择元件采用出口闭锁　为了防止选择元件 KDA 正常运行情况下误动作，用启动元件 KDW 的动断触点对 KDA 的出口（8、10 端）闭锁，只有 KDW 动作后才能开放 KDA 的出口，见图 5-6。

② 电流互感器二次侧采用断线闭锁回路　该回路由零序电流继电器 KAZ、时间继电器 KT 和闭锁继电器 KCB 构成。当电流继电器二次侧断线时，三相电流不对称所产生的零序电流使 KAZ 动作，启动 KT 延时后，使 KCB 得电动作，切除母线差动保护的正电源，可防止二次回路保护误动作。

③ 交流电压回路采用闭锁回路　它是为了防止在正常运行情况下，由于交流电压回路的原因致使保护误动作而设置的。该回路的主要功能是，正常状态下将断路器的跳闸断开，而在母线发生各种类型故障时，立即将跳闸回路接通，解除闭锁。

第四节　断路器失灵保护的二次回路

一、断路器失灵保护的概述

在电力系统中某一部位发生故障时，继电保护已经启动，但因断路器失灵而不能跳闸，不能切除故障时，若利用已启动的继电保护装置，通过一定的逻辑回路，使发生故障的线路（或变压器等元件）所在母线上的其他元件（包括母线联络断路器）全部跳开，达到切除故障之目的，称具有这种保护功能的自动装置为断路器失灵保护。例如，某变电所有四条出线和一个母线联络断路器，如图 5-11 所示。

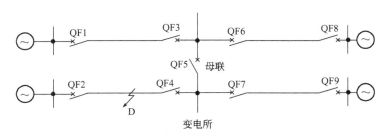

图 5-11　失灵保护的作用示意图

当变电所 4 号断路器 QF4 的线路 D 点发生故障时，线路两侧的继电保护装置均已启动，对端断路器 QF2 跳闸，若 4 号断路器 QF4 因机构失灵未跳开，则此时可通过失灵保护装置首先将母线联络断路器 QF5 跳开，然后再跳掉 7 号断路器 QF7，将故障切除。

该保护外部的二次回路比较复杂，它要把母线上所有断路器的保护装置跳闸回路都集中在一面失灵保护盘上。一般只有在 220kV 及以上电压等级的变电所（发电厂）中才使用。

二、断路器失灵保护的二次回路及动作分析

断路器失灵保护一般由启动部分、延时部分、逻辑回路、低压闭锁等部分所组成，其二次回路接线如图 5-12 所示。被保护各元件的继电保护出口为启动元件；延时元件的动作定值，要躲过断路器完好情况下，保护动作和断路器跳闸熄弧时间之和；还要考虑断路

器失灵拒动情况下，给予失灵保护准确选择切除对象和切除次序等逻辑判断的充足时间。失灵保护还受母线低电压闭锁。

断路器失灵保护二次回路接线的动作情况分析如下。

图 5-12(a) 是一次接线为带有母联断路器的双母线接线；1L、3L 两条线路接在 1♯ 母线上运行，2L 线路及主变压器接在 2♯ 母线上运行。

1. 当 1L 线路发生故障，断路器 QF1 失灵不跳闸，失灵保护切除故障的过程

当 1L 线路发生故障时，断路器 QF1 的保护装置已经启动，即 1L 线路的相电流继电器 KA1～KA3，分相跳闸继电器 KTF1～KTF3 均已动作，见图 5-12(d)。正电源通过 KA1（或 KA2、KA3）、KTF1（或 KTF2、KTF3）动合触点的闭合，使延时继电器 1KT 启动延时。其逻辑回路为：

+电源→KA1（或 KA2、KA3）→KTF1（或 KTF2、KTF3）→XB1→1KT 线圈，→ —电源，启动了 1KT，见图 5-12(b)。

延时元件 1KT 有两对触点：一对是滑动触点 $1KT_1$，它为短延时，动作闭合后启动信号继电器 KS1 和跳母联断路器的中间继电器 KTW，发出跳母联断路器的信号，并跳开母联断路器。其逻辑回路为：

+电源→$1KT_1$→KS1 线圈→KTW（母联断路器跳闸中间继电器）线圈→—电源，启动 KTW。

+电源→KCV1→KTW→XB→跳开母联断路器，见图 5-12(c)。

1KT 的另一对终端触点 $1KT_2$，它较 $1KT_1$ 的延时长。它动作闭合后，启动信号继电器 KS2 和跳 3L 线路断路器 QF3 的出口中间继电器 KCW1，即：

+电源→$1KT_2$→KS2 线圈→KCW1（母线保护出口中间继电器）线圈→—电源，启动 KCW1。

+电源→KCV1→KCW1→XB7→跳 QF3，见图 5-12(c)。

此外，断路器失灵保护还受低电压闭锁，若故障未切除，1♯ 母线上的电压下降，低电压继电器 KV1 动作，1♯ 低电压启动逻辑回路见图 5-12(b)：

+电源→KV1→KCV1（电压重动中间继电器）线圈→—电源，KCV1 触点闭合，为断开母联断路器做好准备。

至此，已把 1♯ 母线上与之相连的所有元件全部断开，故障切除。若 3L 所接的线路为负荷线，在母联断路器断开后，已无故障电流，保护返回，不再跳 QF3。

2. 主变压器故障，QF4 断路器失灵保护电路动作分析

① 若变压器主侧发生过电流故障时，差动保护动作，断路器 QF4 失灵拒动的保护。

由于此时差动保护处在动作状态，过电流保护的出口中间继电器 KCO1 动作后不返回，直流电源通过 KCO1 的触点和主变断路器 QF4 的辅助触点，构成断路器失灵保护的启动回路，启动 2KT 时间继电器，见图 5-12(e)。2KT 启动后，第一段延时 $2KT_1$ 触点闭合，跳开母联断路器；第二段延时使 $2KT_2$ 触点闭合，跳开 QF2，切除故障。

② 若变压器发生差动或气体故障时，差动或气体保护动作，断路器 QF4 失灵拒动的保护。

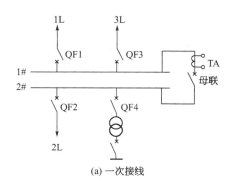

(a) 一次接线

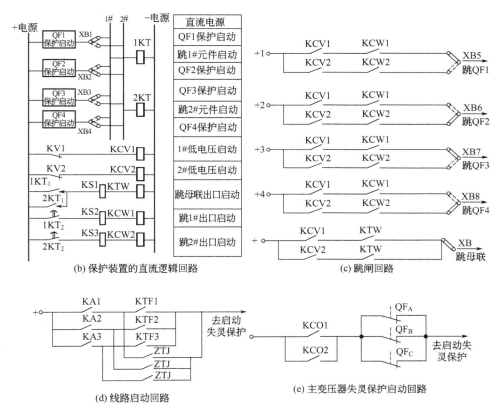

直流电源
QF1保护启动
跳1#元件启动
QF2保护启动
QF3保护启动
跳2#元件启动
QF4保护启动
1#低电压启动
2#低电压启动
跳母联出口启动
跳1#出口启动
跳2#出口启动

(b) 保护装置的直流逻辑回路

(c) 跳闸回路

(d) 线路启动回路

(e) 主变压器失灵保护启动回路

图 5-12　断路器失灵保护二次回路接线图

　　由于差动或气体保护处在动作状态，差动或气体保护的出口中间继电器 KCO2 闭合后不断开，直流电源通过 KCO2 的触点和 QF4 的辅助触点，构成断路器失灵保护的启动回路，见图 5-12(e)，启动 2KT 时间继电器。2KT 启动后，第一段延时 $2KT_1$ 闭合跳开母联断路器；第二段延时 $2KT_2$ 闭合，经 2# 母线上的低电压中间继电器 KCV2 和 KCW2 及切换联片 XB6，去跳开 QF2，将 2# 母线上与之相连的所有元件全部断开，切除故障，见图 5-12(c)。

　　另外应当指出的是，当变压器内部轻微故障，电压低不到 KCV2 的动作值时，则失灵保护也不能切除故障。

第五节　35kV 母线差动保护端子排烧坏故障实例分析

一、故障现象及分析处理

天气情况：多云。对 YH（220kV）变电站 35kV 补偿电容 Y39、Y40 进行投切过程中真空断路器灭弧特性试验和电容投切时系统谐波测试。试验合格后，将 35kV 补偿电容 Y39、Y40 投入试运行。投运时，继电保护人员发现 35kV 母线差动保护相电流闭锁元件一直处于启动状态，将 35kV 母线差动保护闭锁，并发出"交流回路断线"告警信号。

YH 变电站 35kV 母线差动保护装置为由两只 DCD-2 型及其他电磁型继电器组成的 35kV 双母线两相式差动保护装置，Y31、Y39、Y40 都为 JYN1-35-22 型 35kV 手车式断路器柜，而 Y39、Y40 断路器柜内都为 35kV 集合式补偿电容。

对 35kV 补偿电容 Y39、Y40 再分别进行投切试验，发现当 Y39 或 Y40 只有一组补偿电容投运时，35kV 母线差动保护屏表上测试差动回路不平衡电流为 0.3A；Y39、Y40 两组补偿电容都投运时，35kV 母线差动保护屏表上测试差动回路不平衡电流为 0.9A，差流超过相电流闭锁元件 0.5A 整定值，相电流闭锁元件动作将 35kV 母线差动保护闭锁，并发出"交流回路断线"告警信号。继电保护人员现场正在检查差流引起的原因时，在 35kV 配电室工作的人员发现 1♯主变压器 35kV 侧 Y31 断路器柜内端子排处有端子烧坏冒烟。

经检查，发现 Y31 断路器柜内端子排处，用于 35kV 母线差动保护的电流互感器二次回路中有 4 个端子被烧坏。按以往检修经验判断：电流互感器二次回路端子排烧坏，一般是由于电流互感器二次回路开路而出现高电压和过热造成的，于是先将 35kV 补偿电容 Y39、Y40 断路器断开，以减小 35kV 母线的负荷（35kV 各线路负荷都较小），对 35kV 母线差动保护用电流互感器二次回路进行针对性检查。

Y31 断路器柜电流互感器为三相 3 个二次绕组，分别用于 1♯主变压器差动保护、35kV 母线差动保护、测量及计量。查阅省电力设计院设计的"YH 变电站 1♯主变压器 35kV 侧开关安装接线图"＜图号 D0211-23 号＞图样中，Y31 柜 35kV 母线差动保护电流互感器二次回路，是由编号为＜1B-102（1）＞电缆从 Y31 柜端子排连接至 35kV 母线差动保护辅助电流互感器屏端子排，电缆芯数为 4 芯，电缆截面为 2.5mm²。从 Y31 柜端子排引出电缆芯线编号为 A4241、B4241、C4241、N4241，即采用三相 4 线引出（见图 5-13）。查阅 35kV 母线差动保护辅助电流互感器屏端子排及设计图样，只使用该电缆 3 根芯线，电缆编号为 1B-169，电缆芯线编号为 A330、C330、N330。可见由于设计图不规范，同一根电缆两端编号、电缆两端芯线回路编号、使用芯线数量却不同。从安装接线图分析：35kV 母线差动保护电流互感器二次回路，从 Y31 柜端子排上引出的编号为 B4241 电缆芯线，到 35kV 母线差动保护辅助电流互感器屏的端子排处在设计图样上没有其接线端子位置。

询问原二次设备施工人员，Y31 柜端子排和 35kV 母线差动保护辅助电流互感器屏端子排电缆接线，为两人各拿各端的安装接线图进行施工。Y31 柜端子排施工人员按图样进

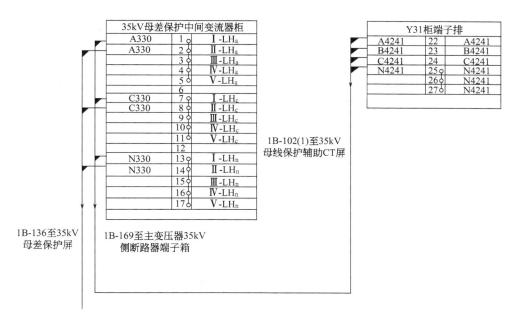

图 5-13　35kV 母线差动保护错误设计二次接线

行三相全星形电流互感器接线，即 4 根芯线都接入。35kV 母线差动保护辅助电流互感器屏端子排施工人员则根据图样和实物采用 A、C 两相电流互感器接线，因 B4241 电缆芯线在辅助电流互感器屏端子排处无设计接线位置，只好空置。35kV 母线差动保护辅助电流互感器屏端子排施工人员因当时工作太忙，未及时向工作负责人反映。再加上随后上级主管部门将 Y31 柜电流互感器，由原设计变流比为 1500A/5A，更换为变流比 800A/5A，并要求将 Y31 电流互感器 35kV 母线差动保护组二次回路电缆，在无"设计更改通知单"的情况下，由原设计接入 35kV 母线差动保护辅助电流互感器屏端子排，更改为不经辅助电流互感器二次变流而直接接入 35kV 母线差动保护继电器屏端子排。原电缆的 B4241 芯线编号号码头，在电缆更换屏位过程中失掉。从设计到施工的一连串不规范操作，导致最后在 35kV 母线差动保护继电器屏端子排处，B4241 芯线无编号空置，使 Y31 电流互感器母线差动保护组的 B 相二次回路开路。

　　YH 变电站投产后，试运行时曾在 35kV 母线差动保护屏处进行过带负荷六角图测试，电流及六角图情况正常。因 35kV 母线差动保护屏处只有 A、C 两相的电流互感器二次回路，也就未怀疑 B 相电流互感器二次回路接线空置开路。试运行后，35kV 负荷一直很小，Y31 柜端子排也未出现异常。而在 35kV 补偿电容 Y39、Y40 投运时负荷电流增大。Y31 断路器柜内 B 相电流互感器因二次回路开路，引起 B 相电流互感器铁芯严重发热，导致 B 相电流端子排烧坏，并影响到相邻端子排受热损坏，引起 Y31 断路器柜 A、B、C 三相电流互感器二次回路短路，使 35kV 母线差动保护的电源侧二次电流和负荷侧二次电流失去平衡，相电流元件 1LJS 启动使闭锁中间继电器 1BSJ 动作闭锁了 35kV 母线差动保护，使 35kV 母线差动保护未发生误动作跳闸（见图 5-14）。

　　联系电力调度部门，并操作将 1# 主变压器 35kV 侧停电，更换 Y31 断路器柜内烧坏的端子排，在该端子排处将 B 相电流互感器二次回路短接（B4241 与 N4241 连接）。再将 1# 主变压器 35kV 侧断路器及 35kV 补偿电容 Y39、Y40 投入运行，35kV 母线差动保护

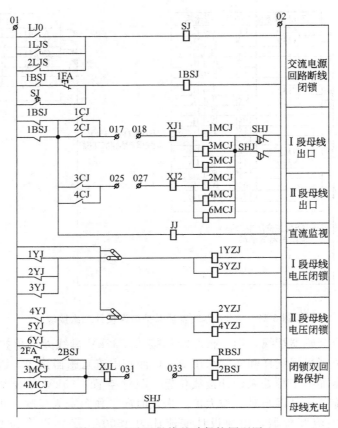

图 5-14　35kV 母线差动保护原理图

屏表上测试差动回路不平衡电流为 0A，相电流闭锁元件不动作，"交流回路断线"告警信号消失。Y31 断路器柜内电流互感器运行正常，35kV 母线差动保护带负荷，电流及相位六角图测试合格，故障处理完毕。

二、故障结论

　　由于 Y31 断路器柜至 35kV 母线差动保护屏的电流互感器二次回路电缆接线，从设计到施工再到更改，一连串不规范性操作，导致在 35kV 母线差动保护屏处 B4241 电缆芯线无编号空置，使 Y31 电流互感器母线差动保护组的 B 相二次回路开路。当 35kV 负荷增大时，B 相电流互感器铁芯严重发热，使 Y31 断路器柜母线差动保护组端子排 B 相电流端子烧坏，还影响到相邻端子过热损坏，A、B、C 三相电流互感器二次回路短路、接地，产生差动回路不平衡电流，使相电流元件启动闭锁了 35kV 母线差动保护，并发出"交流回路断线"告警信号。

三、防范措施

　　① 工程施工前，应对施工图样进行严格会审，尽早发现和纠正施工图样的错误。
　　② 加强施工管理，施工人员在施工过程中若发现图样有错误之处时，应停止施工，及时向工作负责人和主管部门汇报，以规范化操作来保证施工质量。

③ 严把试验关和工程验收关，要求试验和验收细致、全面、到位。设备新投入试运行后，应进行带负荷试验检查；其中包括电流互感器二次回路检查，以保证保护装置及二次回路的正确性。

第六节　一次设备缺陷引起 35kV 母线差动保护动作故障的实例分析

一、故障现象及故障分析处理

天气情况：多云。YH（220kV）变电站 35kV 母线差动保护动作，连接于 35kV 母线上的 1♯主变压器 35kV 侧 Y31 断路器及各线路 Y32、Y52、Y37、Y35 断路器和站用变压器 Y54、Y34 断路器全部跳闸（35kV 补偿电容器 Y39、Y40 当时未投入运行）。同时还有 35kV 线路 Y35 速断保护动作信号发出，220kV 故障录波装置也动作录波。故障前后，1♯主变压器 220kV 侧、110kV 侧设备一直处于正常运行状态。

YH 变电站 35kV 母线差动保护装置为由两只 DCD-2 型及其他电磁型继电器组成的 35kV 双母线两相式差动保护装置。Y31、Y32、Y52、Y37、Y35、Y54、Y34 断路器都为 JYN1-35-22 型 35kV 手车式断路器柜。

现场查阅 220kV 故障录波图中的 1♯主变压器（一期工程只安装一台主变压器）220kV 侧故障波形图（见图 5-15）及分析软件数据为

$$U_a=48.4\text{V} \qquad U_b=48.5\text{V} \qquad U_c=48.4\text{V} \qquad 3U_0=0\text{V}$$
$$I_a=8.33\text{A} \qquad I_b=8.34\text{A} \qquad I_c=8.33\text{A} \qquad 3I_0=0\text{A}$$

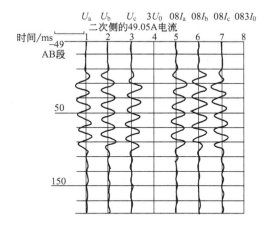

图 5-15　35kV 母线差动保护动作时故障录波图

录波数据分析：A、B、C 三相电压突然降低很多，三相电流突然增大，短路电流反映于 1♯主变压器 220kV 一次侧有效值为 1000A 左右，无零序电流和零序电压。由于 35kV 母线差动保护动作，1♯主变压器 35kV 侧 Y31 断路器跳闸后，220kV 侧、110kV 侧一直处于正常运行状态，加上短路电流很大（计算到 1♯主变压器 35kV 侧有效值为 1000×220/35A＝6286A 左右），初步判断为 35kV 母线三相对称性短路故障。

随即现场做好安全措施后，将 35kV 断路器柜中的断路器手车全部拉出柜外进行检查。首先是有速断保护动作的 Y35 断路器手车，拉出柜外时见该手车上端接插触头 A、B、C 三相全部烧坏，Y35 断路器柜内有弧光短路的明显痕迹，其他断路器手车及断路器柜内未见任何异常情况。

对 35kV 母线进行耐压试验检查合格，再分别加入其他断路器手车，耐压试验也合格，Y31 断路器手车单独耐压试验合格。判断 Y35 断路器柜内发生三相短路，引起 35kV 母线三相短路故障，造成 35kV 母线差动保护动作。

检查 Y35 断路器柜三相短路原因，发现 Y35 断路器手车进入断路器柜内时，手车上端接插触头的动静触头接触部位行程较少（规程要求手车上端一次触头接触行程大于 25mm，实测接触行程只有 12mm）。分析认为：运行中由于动静触头接触部位面积不足，随着负荷电流的增大，运行时间的增长，接触部位严重发热，最后导致燃弧，并发展成为三相短路故障。

现场由一次设备检修人员更换已损坏的 Y35 断路器手车上端动触头及柜内静触头，按规程要求调试合格；并且对其他断路器手车的一次触头接触行程进行检查，又发现两台断路器手车动静触头接触行程不合格，只有 15mm 左右，对一次触头接触行程不合格的手车重新调试，直到全部合格。

继电保护人员对 Y35 断路器柜内的电流互感器及其二次回路进行试验和检查，未发现异常情况。

经各个专业技术人员试验和检查确定各项工作合格后，YH 变电站 35kV 母线及各线路先后恢复供电。随后继电保护人员进行 35kV 母线差动保护带负荷相位六角图测试合格，确定本次故障处理工作结束。

二、故障结论

由于 YH 变电站 35kV 线路 Y35 断路器手车上端一次接插触头的接触行程在安装时调试不合格，使投运时手车上端动静触头接触部位面积不足，随着负荷电流的增大，运行时间的增长，接触部位产生严重过热，最终导致一次接插触头三相燃弧，并发展成为 35kV 母线三相短路故障。35kV 母线差动保护动作正确，Y35 线路速断保护动作正确，连接于 35kV 母线上的各断路器全部可靠跳闸。

三、防范措施

手车式断路器柜由于其外部的封闭性，使其正常运行时无法细致观测和检查到一次设备及部件的工作状况。所以手车断路器安装、检修时，调整、试验工作尤为重要，必须严格按照调试规程和工艺导则进行，并加强验收，确保安装、检修质量。应以这次教训为戒，杜绝该类事故重复发生。

第六章
中央信号及其他信号系统

第一节 概 述

在电气控制中，运行人员为了及时发现与分析故障，迅速消除和处理事故，统一调度和协调生产，除了依靠测量仪表来监视设备运行情况外，还必须借助灯光和音响信号装置等一些信号回路来反映设备正常和非正常的运行状况。

一、信号回路的类型

信号系统按照用途不同可分为事故信号、预告（故障）信号、位置信号、指挥与联络信号等。

① 事故信号 当断路器事故跳闸时，继电保护动作启动蜂鸣器发出较强的音响，以引起运行人员注意，同时断路器位置指示灯发出闪光，指明事故对象及性质。

② 预告信号 当设备发生故障而出现不正常运行状况时，继电保护动作启动警铃发出音响，同时标有故障性质的光字牌也点亮，或在另外一些工矿企业中，继电保护动作不仅有上述动作现象，而且在中央控制室内的监控画面上还可以时时监控断路器的异常反应。它可以帮助检修人员发现故障和隐患，以便及时处理。常见的预告信号有：变压器的过负荷；汽轮转子回路一点接地；变压器轻瓦斯保护动作；变压器油温过高；强行励磁保护动作；电压互感器二次回路断线；交、直流回路绝缘损坏；控制回路断线及其他要求采取措施的不正常情况，如液压操作机构压力异常等。

③ 位置信号 位置信号包括断路器位置信号和隔离开关位置信号。前者用灯光表示其合、跳闸位置；后者用专门的位置指示器表示其位置状态。

④ 指挥信号和联络信号 指挥信号是用于主控制室向各控制室发出操作命令的。如主控制室向机炉控制室发"注意"、"增负荷"、"减负荷"、"已合闸"等命令。

联络信号用于各控制室之间的联系。

若事故信号与预告（故障）信号全厂共用一套，并设于中央控制室内，因此又称为中央信号系统。

中央信号回路按音响信号的复归办法可分为就地复归和中央复归，按其音响信号的动作性能可分为能重复动作和不能重复动作。

二、信号回路的基本要求

电气信号回路应满足以下要求。

① 断路器事故跳闸时，能及时发出音响信号（蜂鸣器声），并使相应的位置指示灯闪光，亮"掉牌未复归"光字牌，及在中央控制室监控画面上闪烁显示。

② 发生故障时，能及时发出区别于事故音响的另一种音响（警铃声），并使显示故障性质的光字牌点亮。

③ 中央信号应能保证断路器的位置指示正确。对音响监视的断路器控制信号电路，应能实现亮屏（运行时断路器位置指示灯亮）或暗屏（运行时断路器位置指示灯暗）运行。

④ 对事故信号、预告信号及其光字牌，应能进行是否完好的试验。

⑤ 音响信号应能重复动作，并能手动及自动复归，而故障性质的显示灯仍保留。

⑥ 大型发电厂及变电站发生事故时，应能通过事故信号的分析迅速确定事故的性质。

⑦ 对指挥信号、联系信号等，应根据需要装设。其装设原则是应使运行人员能迅速、准确地确定所得到信号的性质和地点。

第二节　中央事故信号系统

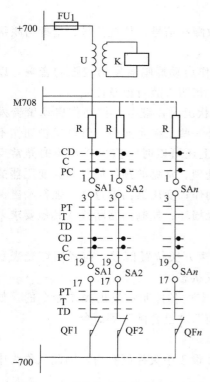

图 6-1　事故音响信号启动电路

中央信号装置是信号集中的地方，当电气设备发生异常情况时，都由它及时、准确地发出指令和信号，运行值班人员根据信号的性质进行正确的分析、判断和处理，以保证正常运行。

中央信号分事故信号和预告信号两部分。事故信号指的是现代化工矿企业已酿成事故后发出的信号，让值班人员尽快地、正确地限制事故的发展，将已发生事故的设备单元进行隔离，以保证其他设备继续运行。预告信号是指现代化工矿企业或个别电气设备已有异常情况，"告诉"值班人员必须立即采取有效措施给以处理，如有异常不报或拖延了时间，也会发展成事故。所以，学习和掌握中央信号回路图，是每个电气运行值班人员很重要的一项工作内容。

具有中央复归能重复动作的事故信号电路的主要元件是冲击继电器，它可接受各种事故脉冲，并转换成音响信号。冲击继电器有各种不同的型号，但其共同点是都具有接收信号的元件（如脉冲变流器或电阻）以及相应的执行元件。

图 6-1 为事故音响信号启动电路。图中，+700、−700 为信号小母线；U 为脉冲变流器；K 为执行元件的继电器。当发生事故跳闸时，接

于事故音响小母线 M708 和－700 之间的任一不对应启动回路接通（如控制开关 SA1 的触点 1-3、19-17 与断路器辅助常闭触点 QF1 形成的通路），在变流器 U 的一次侧将流过一个持续的直流电流（阶跃脉冲），而在 U 的二次侧，只有在一次侧电流从初始值达到稳定值的瞬变过程中才有感应电势产生，与之相对应二次侧电流是一个尖峰脉冲电流，此电流使执行元件继电器 K 动作。K 动作后，再启动后续回路。当变流器 U 的一次侧电流达稳定值后，二次侧的感应电势即消失，继电器 K 可能返回，也可能不返回，依继电器 K 的类型而定。不论继电器返回与否，音响信号将靠本身的自保持回路继续发送，直至中央事故信号回路发出音响解除命令为止。当前次发出的音响信号被解除，而相应启动回路尚未复归，第二台断路器 QF2 又自动跳闸，第二条不对应回路（SA2 的触点 1-3、19-17 和断路器辅助触点 QF2 形成的通路）接通，在小母线 M708 与－700 之间又并联一支启动回路，从而使变流器 U 一次侧电流发生变化（每一并联支路中均串有电阻 R），二次侧感应出脉冲电势，使继电器 K 再次启动。可见，变流器不仅接收了事故脉冲并将其变成执行元件动作的尖脉冲，而且把启动回路与音响信号回路分开，以保证音响信号一经启动，即与启动它的不对应回路无关，从而达到了音响信号重复动作的目的。

目前，国内广泛使用的冲击继电器有利用干簧继电器作执行元件的 ZC 系列冲击继电器；利用极化继电器作执行元件的 JC 系列冲击继电器及利用半导体器件构成的 BC 系列冲击继电器。

一、由 ZC-23 型冲击继电器构成的中央事故信号电路

1. ZC-23 型冲击继电器的内部电路及工作原理

ZC-23 型冲击继电器的内部电路如图 6-2 所示。U 为变流器；KC 为中间继电器；KRD 为干簧继电器；V1、V2 为二极管；C 为电容器。干簧继电器 KRD 的结构原理图如图 6-3 所示。

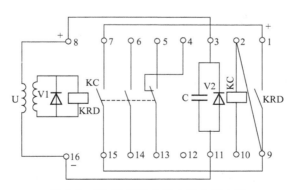

图 6-2　ZC-23 型冲击继电器内部电路

图 6-3 中，干簧继电器是由干簧管和线圈组成的。干簧管是一个密封的玻璃管，其舌簧触点是烧结在与簧片热膨胀系数相适应的红丹玻璃管中，管内充以氮等惰性气体，以减少触点污染及电腐蚀。舌簧片由坡莫合金做成，具有良好的导磁性和弹性。舌簧触点表面镀有金、铑、钯等金属，以保证良好的通断能力，并延长寿命。当线圈中通入电流时，在线圈内部有磁通穿过，使舌簧片磁化，其自由端产生的磁极性正好相反。当通过的电流达继电器的启动值时，干簧片靠磁的"异性相吸"而闭合，接通外电路；当线圈中的电流降

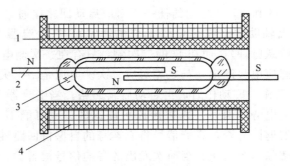

图 6-3 干簧继电器的结构原理图
1—线圈架；2—舌簧片；3—玻璃管；4—线圈

低到继电器的返回值时，舌簧片靠自身弹性返回，触点断开。干簧继电器动作无方向性，且灵敏性高、消耗功率少、动作速度快（约几毫秒）、结构简单、体积小，因而得到越来越广泛的应用。

ZC-23 型冲击继电器的基本原理是：利用串接在直流信号回路的微分变流器 U，将回路中跃变后持续的矩形电流脉冲变成短暂的尖峰电流脉冲，去启动干簧继电器 KRD，干簧继电器 KRD 的常开触点闭合，去启动出口中间继电器 KC。微分变流器一次侧并接的二极管 V2、电容器 C 起抗干扰作用；其二次侧并接的二极管 V1 的作用是把由于一次回路电流突然减少而产生的反向电势所引起的二次电流旁路掉，使其不流入干簧继电器 KRD 线圈。因为干簧继电器动作无方向性，任何方向的电流都能使其动作。

2. 由 ZC-23 型冲击继电器构成的中央事故信号电路及工作原理

图 ZC-23 型冲击继电器构成的中央事故信号电路如图 6-4 所示。

图 6-4 中，SB1 为试验按钮；SB3 为音响解除按钮；K 为冲击继电器；KC1、KC2 为中间继电器；KT1 为时间继电器；KVS1 为熔断器监察继电器。其动作过程如下。

① 事故信号的启动　当断路器发生事故跳闸时，对应事故单元的控制开关与断路器的位置不对应，信号电源－700 接至事故音响信号小母线 M708 上（如图 6-1 所示），给出脉冲电流信号，经变流器 U 微分后，送入干簧继电器 KRD 的线圈中，其常开触点闭合，启动出口中间继电器 KC，使冲击继电器 K 的端子 6 和端子 14 接通，启动蜂鸣器 HAU，发出音响信号。当变流器二次侧感应电势消失后，干簧继电器 KRD 线圈中的尖峰脉冲电流消失，即 $\frac{\mathrm{d}i}{\mathrm{d}t}=0$，KRD 触点返回，而中间继电器 KC 经其常开触点自保持。

② 事故信号的复归　由出口中间继电器 KC 启动时间继电器 KT1，其触点经延时后闭合，启动中间继电带 KC1，KC1 的常闭触点断开，使中间继电器 KC 线圈失电，其三对常开触点全部返回，音响信号停止，实现了音响信号的延时自动复归。此时，启动回路的电流虽没消失，但已到稳态，干簧继电器 KRD 不会再启动中间继电器 KC，这样冲击继电器所有元件都复归，准备第二次动作。此外，按下音响解除按钮 SB3，可实现音响信号的手动复归。

当启动回路的脉冲电流信号中途突然消失时，由于变流器 U 的作用，在干簧继电器 KRD 的线圈上产生的反向脉冲被二极管 V1 旁路掉，则 KRD 及 KC 都不会动作。

③ 事故信号的重复动作　事故信号的重复动作是必要的，因为在大型现代化工矿企

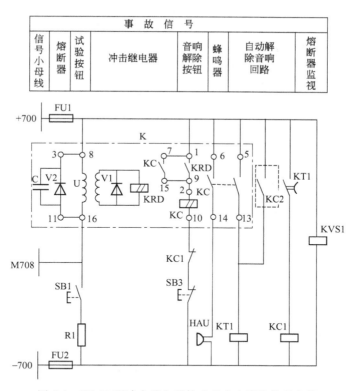

事 故 信 号							
信号小母线	熔断器	试验按钮	冲击继电器	音响解除按钮	蜂鸣器	自动解除音响回路	熔断器监视

图 6-4　ZC-23 型冲击继电器构成的中央事故信号电路

业中断路器的数量较多，出现连续事故跳闸是可能的。当第二个事故信号来时，则在第一个稳定电流信号的基础上再叠加一个矩形的脉冲电流。在变流器 U 一次侧电流突变的瞬间，其二次侧又感应出电势，产生尖峰电流，使干簧继电器 KRD 启动。动作过程与第一次动作的相同，即实现了音响信号的重复动作。

④ 音响信号的试验　为了确保中央事故信号经常处于完好的状态，在电路中装设了音响试验按钮 SB1。按下 SB1，冲击继电器 K 启动，蜂鸣器响，再经延时解除音响，从而实现了手动模拟断路器事故跳闸的情况。

⑤ 事故信号电路的监视　监察继电器 KVS1 用来监视熔断器 FU1 和 FU2。当 FU1 或 FU2 熔断或接触不良时，KVS1 线圈失电，其常闭触点（在预告信号回路）闭合，点亮"事故信号熔断器熔断"光字牌，并启动预告信号回路。

二、JC-2 型冲击继电器构成的中央事故信号电路

1. JC-2 型冲击继电器的内部电路及工作原理

JC-2 型冲击继电器的内部电路如图 6-5 所示。

图 6-5 中，KP 为极化继电器，此继电器具有双位置特性，其结构原理如图 6-6 所示。线圈 1(L1) 为工作线圈，线圈 2(L2) 为返回线圈，若线圈 1 按图示极性通入电流，根据右手螺旋定则，电磁铁 3 及与其连接的可动衔铁 4 的上端呈 N 极，下端呈 S 极，电磁铁产生的磁通与永久磁铁产生的磁通互相作用，产生力矩，使极化继电器动作，触点 6 闭合（图中位置）。如果线圈 1 中流过相反方向的电流或在线圈 2 中，按图示极性通入电流时，

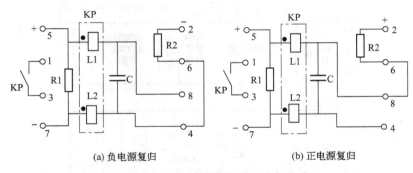

(a) 负电源复归   (b) 正电源复归

图 6-5　JC-2 型冲击继电器的内部电路

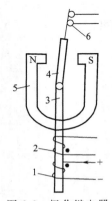

图 6-6　极化继电器
的结构原理图

1,2—线圈；3—电磁铁；
4—可动衔铁；5—永久
磁铁；6—触点

使可动衔铁的极性改变，触点 6 复归。JC-2 型冲击继电器是利用电容充放电启动极化继电器的原理构成的。启动回路动作时，产生的脉冲电流自端子 5 流入，在电阻 R1 上产生一个电压增量，该电压增量即通过继电器的两个线圈，给电容器 C 充电，其充电电流使极化继电器动作。当充电电流消失后，极化继电器仍保持在动作位置。其返回有以下两种情况：当冲击继电器接于电源正端（如图 6-7 所示），并将端子 4 和端子 6 短接，将负电源电压加到端子 2 来复归，如图 6-5(a) 所示，其复归电流从端子 5 经 R1、L2、R2 到端子 2；当冲击继电器接于电源负端（如图 6-14 所示），并将端子 6、端子 8 短接，将正电源电压加到端子 2 来复归，其复归电流从端子 2 经 R2、L1、R1 到端子 7，如图 6-5(b) 所示。

此外，冲击继电器还可实现冲击自动复归，即当流过 R1 的冲击电流突然减小或消失时，在电阻 R1 上的电压有一减量，该电压减量使电容器经极化继电器线圈放电，其放电电流使极化继电器返回。

2. 由 JC-2 型冲击继电器构成的中央事故信号电路及工作原理

由 JC-2 型冲击继电器构成的中央事故信号电路如图 6-7 所示。

图 6-7 中，M808 为事故信号小母线；M7271、M7272 为配电装置事故信号小母线 Ⅰ 段和 Ⅱ 段；SB 为音响解除按钮；SB1、SB3 为试验按钮；K1、K2 为冲击继电器；KC1、KC2 为中间继电器；KT1 为时间继电器；KCA1、KCA2 为事故信号继电器。其动作过程如下。

① 事故信号的启动　当断路器事故跳闸时，信号电源－700 接至事故音响信号小母线 M708 上（如图 6-1 所示），给出脉冲电流信号，使冲击继电器 K1 启动。其端子 1 和端子 3 接通，启动中间继电器 KC1，KC1 的第一对常开触点闭合，启动蜂鸣器 HAU，发出音响信号。

② 发遥信　M808 是专为发遥信装置设置的事故音响小母线。当断路器事故跳闸后需要向中央调度所发遥信时，将信号电源－700 接至事故音响信号小母线 M808 上，给出脉冲电流信号，冲击继电器 K2 启动，随之启动中间继电器 KC2，KC2 的三对常开触点除启动时间继电器 KT1 和蜂鸣器 HAU 之外，还启动遥信装置，发遥信至中央调度室。

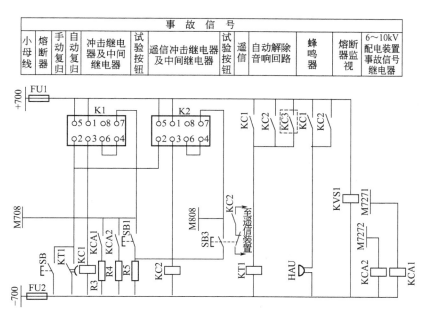

事　故　信　号											
小母线	熔断器	手动复归	自动复归	冲击继电器及中间继电器	试验按钮	遥信冲击继电器及中间继电器	试验按钮	遥信	自动解除音响回路	蜂鸣器	熔断器监视	6～10kV配电装置事故信号继电器

图 6-7　由 JC-2 型冲击继电器构成的中央事故信号电路

注：KC3 线圈在图 6-14 预告信号电路中

③ 事故信号的复归　由中间继电器的常开触点 KC1 或 KC2 启动时间继电器 KT1，其触点经延时后闭合，将冲击继电器的端子 2 接负电源，迫使冲击继电器 K1 或 K2 复归，且常开触点（即端子 1 和 3）断开，中间继电器 KC1 或 KC2 失电，断开蜂鸣器和音响信号回路，从而实现了音响信号的延时自动复归。此时，整个回路恢复原状，准备第二次动作。按下音响解除按钮 SB，也可实现音响信号的手动复归。

④ 6～10kV 配电装置的事故信号　6～10kV 线路均为就地控制，如果 6～10kV 断路器事故跳闸，也会启动事故信号。为了简化接线，节约投资，6～10kV 配电装置的事故信号小母线一般设置二段，即 M7271、M7272，每段上分别接入一定数量的启动回路。当 M7271 或 M7272 段上的任一断路器事故跳闸，事故信号继电器 KCA1 或 KCA2 动作，其常开触点 KCA1 或 KCA2 闭合去启动冲击继电器 K1，发出音响信号。另一对常开触点 KCA1 或 KCA2（在预告信号电路中）闭合，使相应光字牌点亮。

此外，音响信号的重复动作、试验及事故信号电路的监视原理与 ZC-23 型冲击继电器构成的事故信号电路相似，不再予以讨论。需要注意的是，试验按钮 SB3 的常闭触点用于当信号回路进行试验时断开遥信装置，以免误发信号。

三、由 BC-4 型冲击继电器构成的中央事故信号电路

按电流微分原理工作的 ZC-23 型冲击继电器，当事故信号电路启动时，由于光字牌或电阻的接通与断开引起信号电流瞬时值的突变、灯泡冷热电阻差异的变化以及信号继电器触点的抖动和电源电压波动等，都可能引起电流瞬时值的突变而造成冲击继电器的误动。BC-4Y、BC-4S 型冲击继电器改用电流积分原理工作，克服了上述缺点。

1. BC-4Y、BC-4S 型冲击继电器的内部电路及工作原理

BC-4Y 型冲击继电器的内部电路如图 6-8 所示。图中，R4、C4、V5、V6 组成稳压

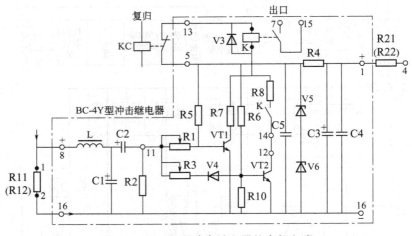

图 6-8 BC-4Y 型冲击继电器的内部电路

电源；电阻 R11（R12）、R2、电容 C1、C2 及电位器 R1、R3 组成测量部分；继电器 K 及三极管 VT1、VT2 组成出口部分。

　　BC-4Y 型冲击继电器是利用串接在启动回路中的电阻 R11（R12）取得电流信号，当总电流信号平均值增加时，从 R11（R12）两端取得的信号经电感 L 滤波后，向电容 C1、C2 充电。由于电容 C1 充电回路的时间常数小，充电快，从而电压 U_{C1} 上升快，而 C2 充电回路的时间常数大，充电慢，电压 U_{C2} 上升慢。在充电过程中，电阻 R2 两端出现了电压差（$U_{R2} = U_{C1} - U_{C2}$）。当总信号电流增加到一定数值时，电压差 U_{R2} 使正常时处于截止的三极管 VT1 导通，启动出口继电器 K。当电容充电过程结束时，两个电容均充电至稳态电压 U_{R1}，则 $U_{R2} = 0$，但此时出口继电器 K 通过已处于导通状态的三极管 VT2 自保持（通过电阻 R6、R10 的固定分压，VT2 获得正偏压，在出口继电器 K 的常开触点闭合后，VT2 处于饱和导通），从而实现了冲击继电器的冲击启动。

　　当总的电流信号减少或消失时，电容 C1、C2 向电阻 R11（R12）放电，电阻 R2 上产生一个与充电过程极性相反的电压差，使三极管 VT2 截止，出口继电器 K 因线圈失电而复归，实现了冲击继电器的冲击自动复归。此外，冲击继电器还可进行定时自动复归和手动复归。

　　BC-4S 型冲击继电器的内部电路如图 6-9 所示。它与 BS-4Y 型冲击继电器的主要区别是三极管 VT1、VT2 改为 PNP 管，将发射极接正电源。其工作原理与 BC-4Y 型相似。

2. 由 BC-4S 型冲击继电器构成的中央事故信号电路及工作原理

　　由 BC-4S 型冲击继电器构成的中央事故信号电路如图 6-10 所示。图中，M728、M808 为事故音响信号小母线；SB1、SB2 为试验按钮；SB4 为音响解除按钮；K1、K2 为冲击继电器；KC、KC1、KC2 为中间继电器；KT1 为时间继电器；R11 和 R12 为冲击继电器 K1、K2 的信号电阻；R21 和 R22 为冲击继电器 K1 和 K2 的降压电阻。其动作过程如下。

　　① 事故信号的启动　冲击继电器 K1 接受信号后，启动其出口继电器 K，出口继电器 K 的第一对常开触点用于自保持，另一对常开触点启动中间继电器 KC1，KC1 的常开触点闭合后启动蜂鸣器 HAU，发出音响信号。

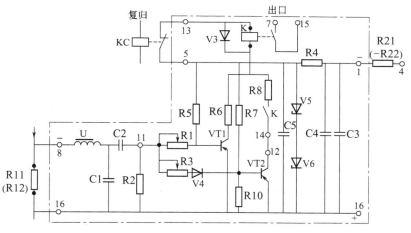

图 6-9 BC-4S 型冲击继电器的内部电路

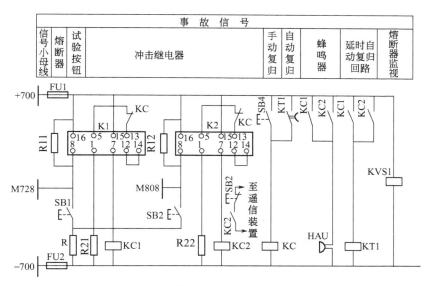

图 6-10 由 BC-4S 型冲击继电器构成的中央事故信号电路

② 遥信的发送 断路器事故跳闸需发遥信时，冲击继电器 K2 接受信号，启动其出口继电器 K，同理出口继电器 K 的第一对常开触点用于自保持，第二对常开触点启动中间继电器 KC2，KC2 的常开触点闭合后，一方面启动蜂鸣器发出音响信号，另一方面接通遥信装置，向中央调度所发遥信。

③ 事故信号的复归 中间继电器 KC1 或 KC2 线圈带电后，其常开触点闭合，启动时间继电器 KT1，KT1 的常开触点延时启动中间继电器 KC，接在冲击继电器端子 5 和 13 之间的常闭触点 KC 断开，使继电器 K 线圈失电，冲击继电器复归，音响信号解除，实现了音响信号的延时自动复归。按下音响解除按钮 SB4，也可实现音响信号的手动复归。

④ 事故信号的重复动作 在多个不对应回路连续接通或断开事故信号启动回路时，继电器重复动作的过程与 ZC-23 型相似。随着启动回路并联电阻的增大或减小，电阻 R11（或 R12）上的平均电流和平均电压便发生多次阶跃性的递增或递减，电容 C1、

C2 上则发生多次的充、放电过程，继电器便重复启动和复归，从而实现了事故信号的重复动作。

此外，与 ZC-23 型冲击继电器构成的事故信号电路相似，按下试验按钮 SB1 或 SB2，对信号回路即可进行试验。利用监察继电器 KVS1，进行回路电源失电的监视。

第三节　中央预告信号系统

中央预告信号系统和中央事故信号系统一样，都由冲击继电器构成，但启动回路、重复动作的构成元件及音响装置有所不同。具体区别有以下几点。

① 事故信号是利用不对应原理将电源与事故音响小母线接通来启动的；预告信号则是利用继电保护出口继电器触点 K 与预告信号小母线接通来启动的，如图 6-12 所示。

② 事故信号是由每一启动回路中串接一电阻启动的，重复动作则是通过突然并入一启动回路（相当于突然并入一电阻）引起电流突变而实现的。预告信号是在启动回路中用信号灯代替电阻启动的，重复动作则是通过启动回路并入信号灯实现的。

③ 事故信号用蜂鸣器作为发音装置，而预告信号则用警铃。

值得注意的是，以往为了简化二次回路，变电站一般不设延时预告信号，而发电厂通常将预告信号分为瞬时预告信号和延时预告信号两种，但多年运行经验证明，预告信号没有必要再分为瞬时和延时两种，因为延时预告信号很少，并在运行中易产生误动或拒动。为了简化二次回路，只要将预告信号电路中的冲击继电器带有 0.2～0.3s 的短延时，就既可满足以往延时预告信号的要求，又不影响瞬时预告信号。因此，SDJ1—84《火力发电厂技术设计规程》取消了"中央预告信号应有瞬时和延时两种"的内容，使现代化工矿企业中央信号电路统一起来。

一、由 ZC-23 型冲击继电器构成的中央预告信号电路

由 ZC-23 型冲击继电器构成的中央预告信号电路如图 6-11 所示，其启动电路如图 6-12 所示。

在图 6-11 中，M709、M710 为预告信号小母线；SB、SB2 为试验按钮；SB4 为音响解除按钮；SM 为转换开关；K1、K2 为冲击继电器；KT2 为时间继电器；KS 为信号继电器；KVS2 为熔断器监察继电器；HL 为熔断器监视灯。H1、H2 为光字牌；HAB 为警铃。

由于预告信号电路设置 0.2～0.3s 的短延时，需使冲击继电器具有冲击自动复归的特性，以避开某些瞬时性故障时误发信号或某些不需瞬时发出的预告信号。而 ZC-23 型冲击继电器不具有冲击自动复归的特性，所以本电路利用两只冲击继电器反极性串联，以实现其冲击自动复归特性。其动作过程如下。

① 预告信号的启动　转换开关 SM 有"工作"和"试验"两个位置，即图 6-11 中的"工"和"试"两个位置。当转换开关 SM 处于"工作"位置时，其触点 13-14、15-16 接通。如果此时设备发生故障出现不正常状况（如变压器油温过高），则图 6-12 的启动电路中相应的继电保护出口继电器触点 K 闭合，使信号电源 +700 经触点 K 和光字牌 H 引至预告信号小母线 M709 和 M710 上。因此，转换开关在"工作"位置时，K1 和 K2 中的冲

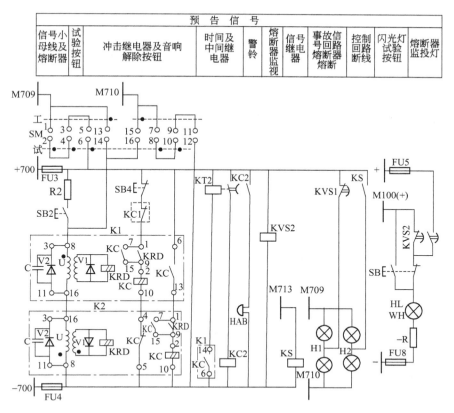

预 告 信 号											
信号小母线及熔断器	试验按钮	冲击继电器及音响解除按钮		时间及中间继电器	警铃	熔断器监视	信号继电器	事故信号回路熔断器熔断	控制回路断线	闪光灯试验按钮	熔断器监投灯

图 6-11　由 ZC-23 型冲击继电器构成的中央预告信号电路

注：KC1 线圈在图 6-4 中

击继电器的变流器 U 的一次侧电流突变，二次侧均感应脉冲电势。但由于 K2 中变流器 U 是反向连接的，其二次侧的感应电势被其二极管 V1 所短路，因此只有 K1 中干簧继电器 KRD 动作，其常开触点启动中间继电器 KC，KC 的一对常开触点用于自保持，另一对常开触点闭合（即 K1 的端子 6 和 14 接通），启动时间继电器 KT2，KT2 的触点经 0.2～0.3s 的短延时后闭合，又去启动中间继电器 KC2，其触点闭合启动警铃发出报警音响信号。除铃声之外，还通过光字牌发出灯光信号，并显示故障性质，如"变压器油温过高"等（图 6-11 中未画出）。

　　② 预告信号的复归　如果在时间继电器 KT2 的延时触点尚未闭合之前，继电保护出口继电器触点 K 已断开（故障消失），则由于 K1 和 K2 中变流器 U 的一次电流突然减少或消失，在相应的二次侧将感应出负的脉冲电势，此时 K1 中变流器 U 的二次侧的脉冲电势被其二极管 V1 所短路，干簧继电器 KRD 不动作，只有 K2 中变流器 U 的二次侧的脉冲电势没有被其二极管 V1 短路，K2 中干簧继电器 KRD 动作，启动中间继电器 KC，它的一对常开触点（即端子 7 和 15 闭合）用于自保持，另一对常闭触点断开（即 K2 的端子 4 和 5 断开），切断中间继电器 KC 的自保持回路，使 K1 中的 KC 复归，时间继电器 KT2 也随之复归，预告信号未发出，实现了冲击自动复归。

　　如果延时自动复归时，中间继电器 KC2 的另一对常开触点（在图 6-4 中央事故信号回路中）闭合，启动事故信号回路中的时间继电器 KT1，经延时后又启动中间继电器 KC1，KC1 的

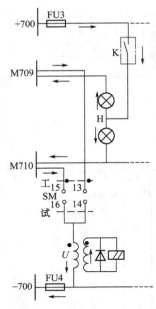

图 6-12 由 ZC-23 型冲击继电器构成的预告信号启动电路

常闭触点（分别在图 6-4 中央事故信号电路和图 6-11 预告信号电路中示出）断开，复归事故和预告信号回路的所有继电器，并解除音响信号，实现了音响信号的延时自动复归。按下音响解除按钮 SB4，可实现音响信号的手动复归。

③ 预告信号的重复动作　预告信号音响部分的重复动作也是靠突然并入启动回路一电阻，使流过冲击继电器中变流器 U 的一次侧电流发生突变来实现的。只不过启动回路的电阻是用光字牌中的灯泡代替的。

④ 光字牌检查　光字牌在现代化工矿企业中使用的数量很多，除中央光字牌外，在各控制屏上几乎都装有光字牌。由于光字牌在正常运行时是不亮的，因此必须经常检查。在中央预告信号电路中，所有光字牌可以通过转换开关 SM 检查其指示灯是否完好。检查时，将 SM 投向"试验"位置，其触点 1 与 2、3 与 4、5 与 6、7 与 8、9 与 10、11 与 12 接通，使预告信号小母线 M709 接信号电源 +700，M710 接信号电源 -700，如图 6-13 所示，此时，如果光字牌中指示灯全亮，说明光字牌完好。

值得注意的是，发预告信号时，光字牌的两灯泡是并联的，灯泡两端电压为电源额定电压，所以灯泡发亮光；检查时，若两灯泡是串联的，灯泡发暗光，且其中一只损坏时，光字牌是不亮的。

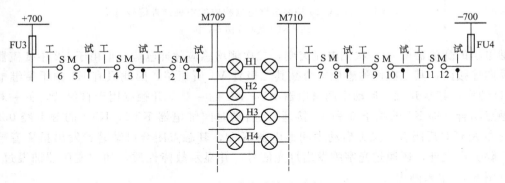

图 6-13　光字牌检查回路

⑤ 预告信号电路的监视　预告信号电路由熔断器监察继电器 KVS2 进行监察。KVS2 正常时带电，其延时断开的常开触点闭合的，点亮白色信号灯 HL。如果熔断器熔断或接触不良，其常闭触点延时闭合，使 HL 闪光，提醒运行人员注意。

二、由 JC-2 型冲击继电器构成的中央预告信号电路

由 JC-2 型冲击继电器构成的中央预告信号电路如图 6-14 所示。图中，SB 为音响解除按钮；SB2 为试验按钮；SM 为转换开关；M7291、M7292 为预告信号小母线 I 段和 II 段；M716 为掉牌未复归小母线；K3 为冲击继电器；KC3 为中间继电器；KCR1、KCR2 为预告信号继电器。其动作过程如下。

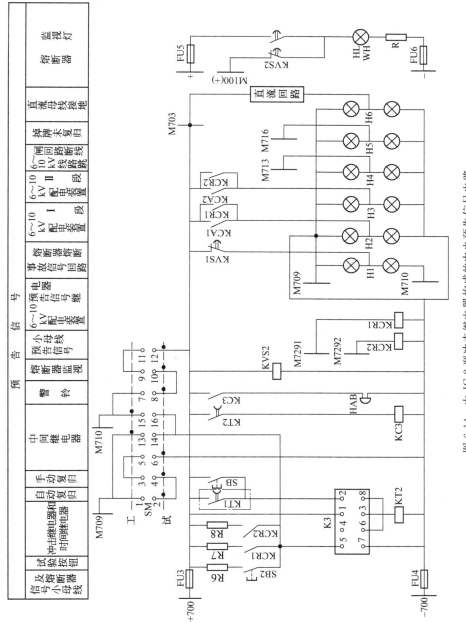

图 6-14 由 JC-2 型冲击继电器构成的中央预告信号电路

注：KT1 线圈在图 6-7 中

与 ZC-23 型冲击继电器构成的预告信号类似，当设备发生故障出现不正常运行状况时，继电保护装置触点闭合，预告信号启动回路接通，标有故障性质的光字牌点亮，并使冲击继电器 K3 启动。K3 端子 1 和 3 之间的常开触点闭合后，启动时间继电器 KT2，其触点经 0.2～0.3s 短延时后闭合，去启动中间继电器 KC3 及警铃，发出音响信号。

中间继电器 KC3 启动后，其另一对常开触点（在图 6-7 事故信号回路中示出）闭合，启动时间继电器 KT1，KT1 的常开触点（在图 6-14 中示出），经延时后闭合，使冲击继电器 K3 因其端子 2 接正电源而复归，并解除音响信号，实现了音响信号的延时自动复归。当故障在 0.2～0.3s 消失时，由于冲击继电器 K3 的电阻 R1 上的电压出现减量使其冲击自动复归，从而避免了误发信号。

M7291 和 M7292 为 6～10kV 配电装置的两段预告信号小母线，每段上各设一光字牌，其上标有"6～10kV Ⅰ（或Ⅱ）段"字样。当 6～10kV 配电装置Ⅰ段或Ⅱ段上出现信号时，预告信号继电器 KCR1 或 KCR2 动作，其常开触点闭合，相应光字牌点亮，同时启动冲击继电器发音响信号。

此外，本电路音响信号的重复动作、预告信号电路的监视等原理与 ZC-23 型相似，此处不再予以讨论。

三、由 BC-4Y 型冲击继电器构成的中央预告信号电路

由 BC-4Y 型冲击继电器构成的中央预告信号电路如图 6-15 所示。图中，SB3 为试验按钮；SB5 为音响解除按钮；K3 为 BC-4Y 型冲击继电器；KC3、KC4 为中间继电器；KT2、KT3 为时间继电器。其动作过程如下。

当设备发生故障出现不正常运行状况时，预告信号启动回路接通，光字牌点亮，同时冲击继电器 K3 启动，则 K3 中的出口继电器 K 的常开触点闭合，启动时间继电器 KT2，KT2 的常开触点经 0.2～0.3s 的短延时后闭合，启动中间继电器 KC3。KC3 的第一对常开触点形成其自保持电路；第二对常开触点闭合，启动警铃 HAB，发出音响信号；第三对常开触点闭合短接冲击继电器端子 11 和 16 之间的电阻 R2，使冲击继电器经 KT2 延时 0.2～0.3s 后，自动复归；第四对常开触点闭合后启动时间继电器 KT3，其常开触点延时启动中间继电器 KC4，KC4 的常闭触点断开，切断 KC3 的自保持回路，并解除音响，实现了音响信号的延时自动复归。按下音响解除按钮 SB5，可实现音响信号的手动复归。

需要说明的是，本电路利用中间继电器 KC3 的常开触点短接冲击继电器 K3 中端子 11 和 16 之间的电阻 R2，使冲击继电器动作后，经 KT2 延时 0.2～0.3s 后自动复归，其主要原因是：在使用中，为了使冲击继电器能自动复归，可将冲击继电器中的三极管 VT2 开路，即取消冲击继电器中的继电器 K 通过 V2 的自保持回路。为了增加从信号输入到冲击继电器返回的时间，一般将电容器 C2 的参数由原来的 $470\mu F$ 增加至 $1000\mu F$，从而使继电器 K 的接通时间长一些，可达 0.8～1s。但试验中又发现，当两个以上的长脉冲信号同时输入时，即使三极管 VT2 开路，但由于电容器 C1、C2 的电压仍会较高，则放电时间较长，致使三极管 VT1 会较长时间导通而不能使继电器 K 返回。因此，利用中间继电器 KC3 触点短接电阻 R2，这样只要冲击继电器动作经 KT2 延时后，冲击继电器就自动复归。

当故障在 0.2～0.3s 内消失时，由于冲击继电器也具有冲击自动复归特性，所以故障

预告信号									
信号及熔断器小母线	试验按钮	冲击继电器	音响解除	警铃	自动延时复归	手动复归	自动复归	熔断器监视	预告信号熔断器监视灯

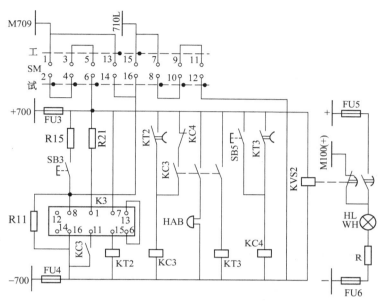

图 6-15 由 BC-4Y 型冲击继电器构成的中央预告信号电路

信号不能发生，避开了由于某些瞬时性故障而误发信号。在发生持续性故障时，从以上分析可以看出，经 0.2～0.3s 发出音响信号，并同时实现了继电器 K 的自动复归。

该电路的音响信号的重复动作、预告信号电路的监视等原理与 ZC-23 型相似，此处不再予以讨论。

第四节 继电保护装置和自动重合闸动作信号

一、继电保护装置动作信号及复归提醒

对于作用于跳闸的继电保护装置，动作后发出事故信号；对于作用于信号的继电保护装置，动作后发出预告信号，并有相应的灯光指示。此外，已动作的继电保护装置本身还设有机械掉牌或能自保持的指示灯加以显示，同时由运行人员做好记录，以便于分析故障类型，然后手动予以复归。为了避免运行人员没有注意到个别继电器已掉牌或信号灯已点亮，而未及时将其复归，所以在中央信号屏上均装设"掉牌未复归"或"信号未复归"的光字牌，用以提醒运行人员必须将其复归，以免再次发生故障时，对继电保护装置的动作作出不正确的判断。

继电保护装置动作信号电路如图 6-16 所示。图中，M703 为辅助信号小母线；M716 为公用的掉牌未复归小母线；信号继电器的触点 KS1、KS2 等接在小母线 M703 和 M716 之间。任一信号继电器动作，都使"掉牌未复归"光字牌点亮，通知运行人员及时处理。

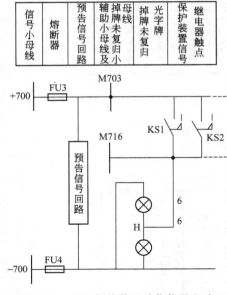

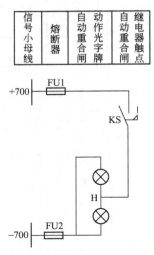

图 6-16　继电保护装置动作信号电路　　　　　图 6-17　自动重合闸装置动作信号电路

二、自动重合闸装置动作信号

自动重合闸装置动作信号电路如图 6-17 所示。自动重合闸装置动作由装设在线路或变压器控制屏上的光字牌信号指示。当线路故障断路器自动跳闸后，如果自动重合闸装置动作将其自动重合成功，线路恢复正常运行，此时不希望发预告信号，因为线路事故跳闸时已有事故音响信号，足以引起运行人员注意，而只要求将已自动重合的线路的光字牌点亮即可。所以"自动重合闸动作"的光字牌回路一般直接接在信号小母线上。

第五节　典型回路故障及其分析

一、中央信号装置回路短路故障

1. 故障现象

某（220kV）变电站运行人员交接班例行试验，在进行中央信号瞬时预告光字牌试验时，中央信号控制屏内突然发生短路故障，经检查中央信号控制屏端子排处，瞬时预告、延时预告信号 1YBM、2YBM、3YBM、4YBM 屏顶小母线的引下线及其接线端子全都烧坏，预告信号熔断器熔断，预告信号不能运行（见图 6-18）。

2. 故障检修

故障时天气情况：多云。

① 继电保护人员到达现场后，首先取下预告信号熔断器，更换已烧坏的端子排和二次接线。将中央信号控制屏瞬时预告信号转换开关 1ZK、延时预告信号转换开关 2ZK 都置于"运行"位置，再查找中央信号控制屏的二次回路短路原因。

② 将中央信号控制屏端子排 1YBM、2YBM、3YBM、4YBM 端子中间连片断开，再

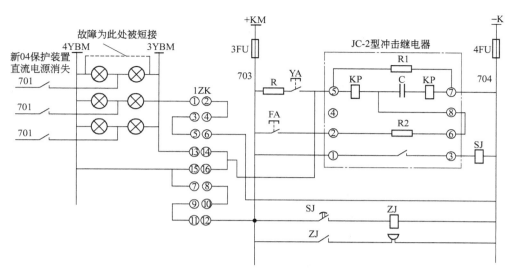

图 6-18　延时预告光字牌原理接线

断开中央信号控制屏端子排处各预告信号光字牌开入量的端子中间连片，用万用表测试光字牌 1YBM、2YBM、3YBM、4YBM 之间及其对地电阻值，1YBM、2YBM、3YBM、4YBM 之间无短路及接地现象。

③ 分别断开各线路控制屏端子排的 1YBM、2YBM、3YBM、4YBM 端子中间连片及信号熔断器，并断开各光字牌开入的各预告信号端子中间连片，用万用表测试其 1YBM、2YBM、3YBM、4YBM 之间及其对地电阻值，以寻找短路故障点。检查发现 110kV 新 04 线路控制屏中的 3YBM、4YBM 之间电阻值为 00，继续检查见"新 04 保护装置直流电源消失"光字牌①～④脚之间多了一根连线，直接将 3YBM、4YBM 连在一起，判断这就是短路故障点，于是将该连线拆除。检查其他控制屏光字牌，再未发现任何异常。

④ 延时预告光字牌试验时，延时预告转换开关 2ZK 切换于"试验"位置，⑬-⑭和⑮-⑯两对触点断开，其他触点都闭合。此时 4YBM 经⑦-⑧、⑨-⑩、⑪-⑫触点接正电源，4YBM 为正电位。3YBM 经①-②、③-④、⑤-⑥触点接负电源，3YBM 为负电位。"新 04 保护装置直流电源消失"光字牌①-④脚之间多的连线就成为正、负电源间的短路线。短路造成中央信号控制屏中 3YBM、4YBM 二次接线及端子烧坏，并使同 3YBM、4YBM 绑扎在一起的 1YBM、2YBM 二次接线及端子也烧坏，直至预告信号熔断器熔断。判断这就是短路故障点。

⑤ 询问变电站技术负责人时，发现"新 04 保护装置直流电源消失"光字牌因灯泡底座短路损坏，并且延时预告音响试验时不发警铃声，于是当班运行人员从备用线路控制屏上拆卸一个光字牌进行了更换。从备用线路控制屏上见拆卸下的原为"重合闸动作"光字牌，因为"重合闸动作"光字牌点亮时不需要发预告警铃信号，所以未使用 1YBM、2YBM 或 3YBM、4YBM 小母线，只将光字牌的①-④脚连接，再接入信号负电源（回路编号"702"）；②-③脚连接，再接入重合闸信号继电器动合触点输出端。运行人员更换光字牌时没有将原为"重合闸动作"光字牌的①-④脚连线拆除，带连线①脚接 3YBM，④脚接 4YBM，以致引起光字牌试验时 3YBM、4YBM 短路。

⑥ 将全站所有控制屏上 1YBM、2YBM、3YBM、4YBM 端子中间连片断开，用绝缘

电阻表摇测 1YBM、2YBM、3YBM、4YBM 对地和相互间绝缘电阻值为 35MΩ，判断 1YBM、2YBM、3YBM、4YBM 小母线及引下线无短路和接地。再将中央信号控制屏上光字牌灯泡卸下及有关回路解列开，摇测屏内 1YBM、2YBM、3YBM、4YBM 对地和相互间绝缘电阻值为 50MΩ，判断原烧坏的端子排及二次接线更换后情况良好，于是恢复所有端子排中间连片、二次回路接线及光字牌灯泡，投入预告信号熔断器，预告信号运行正常。瞬时预告、延时预告光字牌试验和瞬时预告音响、事故音响信号试验都正确，但延时预告音响试验还是不发警铃声。

⑦ 手按延时预告音响试验按钮并观察延时预告冲击继电器不动作，判断"新 04 保护装置直流电源消失"光字牌损坏时产生的回路较大电流将冲击继电器（型号为 CJ-2）启动回路中的 1Ω 电阻烧坏，经检查果然是该电阻内部已断线损坏，更换该电阻后再试验，延时预告音响信号可靠发警铃声。至此预告信号故障处理完毕。

3. 故障结论

① 由于变电站运行人员经验不足，在更换"新 04 保护装置直流电源消失"光字牌时，将备件光字牌的①-④脚之间连线未拆除，使 3YBM、4YBM 被连线短接；在进行延时预告光字牌试验时，造成带正电源的 4YBM 和带负电源的 3YBM 发生短路，并因 3YBM、4YBM 小母线引下线过热，绝缘层熔解，扩展至 1YBM、2YBM、3YBM、4YBM 之间短路。烧坏引下线及其接线端子，直至预告信号熔断器熔断。

② 光字牌灯泡底座短路损坏时，使延时预告音响信号冲击继电器启动回路有大电流流过而将启动回路中的 1Ω 电阻烧坏，冲击继电器不能再启动，所以试验不发警铃声。

二、中央信号系统烧坏蜂鸣器故障分析

1. 故障原因

因该变电站的信号设备采用的是半导体节能型的信号灯和光字牌，这种半导体产品采用 LED 高亮度平面感光点作发光源，工作电流仅 15mA，使用寿命长。因原来常规站中央信号系统的冲击继电器多采用 JC-2 型号或 ZC-23 型号的继电器，这些继电器的冲击动作电流及冲击返回电流是 0.1A，而半导体型的光字牌工作电流仅为 15mA，这样光字牌亮时，就不能确保冲击继电器的可靠动作。

2. 蜂鸣器烧坏原因分析

该变电站的继电保护采用的是常规保护，运行以来常出现烧坏蜂鸣器的事件，开始几次烧坏蜂鸣器后，检查未发现其他故障，认为是原蜂鸣器有质量问题，后来又出现了蜂鸣器烧坏的缺陷，该变电站的中央信号系统进行了分析，该保护装置是厂家的成套设备，使用中只对其进行外部二次接线安装，安装调试时未发现异常。

运行中的断路器发生事故跳闸后，小母线＋XM 和 SYM 之间经过一个电阻突然接通，1XMJ 动作，其常开接点闭合，使 1ZJ 励磁。1ZJ 一对接点闭合接通蜂鸣器 FM 发声回路，一对接点接通，冲击继电器 2 使 1XMJ 返回，另一对接点通过复归按钮使 1ZJ 自保持，蜂鸣器发声，值班人员听见铃声后，进行手动复归解除蜂鸣器发声。经分析该变电站烧坏蜂鸣器的原因是 1XMJ 返回后，1ZJ 在自保持回路作用下不能可靠返回，当不返回的时候，值班人员又不及时进行复归，就会烧坏蜂鸣器和电铃（也就是该装置不能重复动作

需人为复归）。故障信号回路接线与事故信号回路接线相同，只是信号来自预警信号小母线 YBM。

3. 解决方案

针对信号复归回路进行改进。在信号复归回路中加入一只时间继电器 1SJ，一只中间继电器 3ZJ，经改接后再也没有发生过烧坏蜂鸣器和电铃的缺陷。其动作为按下试验按钮 1YA，或运行中的断路器发生事故跳闸后，小母线＋XM 和 SYM 之间经过一个电阻突然接通，1XMJ 动作，其常开接点闭合，使 1ZJ 励磁。1ZJ 一对接点闭合接通蜂鸣器 FM 发声回路，另一对接点接通冲击继电器 2，使 1XMJ 返回，第三对接点接通 1SJ，1SJ 经设定延时接通 3ZJ，3ZJ 通过串接于 1ZJ 自保持回路的常闭触点，使 1ZJ 断开，从而自动解除蜂鸣器发声。故障信号（预告信号）回路同样改进。改进后的接线见图 6-19。

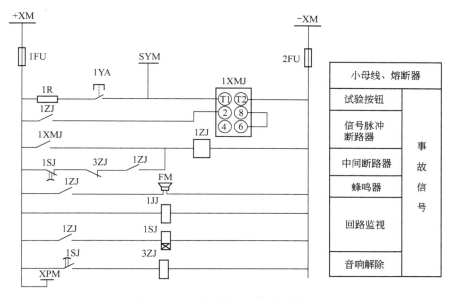

图 6-19　改进后的中央信号系统图

目前两个同类 35kV 变电站经改进后，再没出现中央信号系统烧坏蜂鸣器和电铃的缺陷。变电站中央信号系统的运行情况将直接影响变电站的安全运行，要在工作中不断分析出现的故障，实施改进，确保变电站的安全运行，提高电网供电可靠性。

第七章
二次回路操作电源系统

第一节 概 述

操作电源是为二次回路的控制、信号、测量回路及继电保护装置、自动装置和断路器的操作等提供可靠的工作电源。在发电厂和变电站中主要采用直流操作电源。

一、对操作电源的基本要求

① 应保证可靠的供电，最好装设独立的直流操作电源，以免交流系统故障时，影响操作电源的正常供电。

② 操作电源应具有足够的容量，以保证正常运行时，操作电源母线（以下简称母线）电压波动范围小于$\pm 5\%$额定值；事故时的母线不低于90%的额定值；失去浮充电源后，在最大负载下的直流电压不低于80%的额定值。

③ 电压纹波系数小于5%。

④ 使用寿命长，维护工作量小，设备投资少，布置面积等应合理。

二、操作电源的分类

发电厂和变电站的操作电源按其电源性质，可分为交流操作电源和直流操作电源两种。直流操作电源又分为独立和非独立操作电源两种。独立操作电源分为蓄电池和电源变换式直流操作电源两种。非独立操作电源分为复式整流和硅整流电容储能直流操作电源两种。按其电压等级分为220V、110V、48V和24V。

1. 直流操作电源

(1) 蓄电池直流电源

蓄电池是一种可以重复使用的化学电源，充电时，将电能转换为化学能储存起来；放电时，又将储存的化学能转换成电能送出。若干个蓄电池连接成的蓄电池组（以下简称蓄电池），常作为发电厂和变电站的直流操作电源。蓄电池是一种独立可靠的直流电源，它不受交流电源的影响，即使在全厂（站）交流系统全部停电的情况下，仍能在一定时间内可靠供电。它是发电厂和变电站常用的操作电源。对于供电可靠性要求很高的大型枢纽变电站（220kV及以上电压等级的变电站），宜采用220V的蓄电池组直流操作电源。

20 世纪 80 年代初，高倍率的镉镍电池已开始在变电站使用。这种镉镍电池具有高倍率放电的优点（瞬时放电最大倍率可到 12 倍），无污染。与浮充电机、充电电机配合而组成 BZGN 型直流镉镍电池屏，得到了广泛的应用。

（2）电源变换式直流电源

电源变换式直流电源是一种独立式直流电源，其框图如图 7-1 所示。

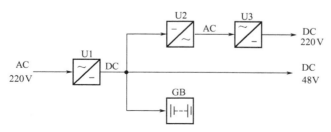

图 7-1　电源变换式直流电源框图

电源变换式直流电源由输入可控整流装置 U1、48V 蓄电池 GB、逆变装置 U2 和输出 U3 组成。正常运行时，220V 交流电源经过可控整流装置 U1 变换为 48V 直流电源，作为全厂（站）的 48V 直流操作电源，并对 48V 蓄电池 GB 进行充电或浮充电，同时经过逆变装置 U2 将 48V 直流电源变换为交流电源，再通过输出整流装置 U3 变换为 220V 直流电源。事故情况下，电源逆变装置 U2 能利用蓄电池 GB 储存的电能进行逆变，确保向重要负荷的连续供电，供电时间长短取决于 48V 蓄电池容量，其容量必须经过计算来确定。

可见，这种直流电源能够提供 220V 和 48V 两个电压等级的操作电源，为中、小型变电站的弱电控制提供了方便。

（3）复式整流直流电源

复式整流直流电源是一种非独立的直流电源，其框图如图 7-2 所示。它是由复式整流装置组成的，其装置不仅由厂（站）用变压器 T 供电，还由电流互感器 TA 供电。在正常运行情况下，由厂（站）用变压器 T 的输出电压（电压源 I）经整流装置 U1 提供控制电源。在事故情况下，由电流互感器 TA 的二次电流（电流源 II），通过铁磁谐振稳压器 V 变换为交流电压，经整流装置 U2 提供操作电源。电流源与一次回路的短路电流及电流互感器的输出容量有关，因此，选择电流源时，要通过详细计算才能确定。

复式整流直流电源可用于线路较多，继电保护复杂，容量较大的变电站。

（4）硅整流电容储能直流电源

硅整流电容储能直流电源一种非独立的直流电源。它由硅整流设备和电容器组成。在正常运行时，厂（站）用变压器的输出电压经硅整流设备变换为直流电源，作为电容器充电电源和全厂（站）的操作电源。在事故情况下，可利用电容器正常运行存储的电能，向重要负荷（继电保护、自动装置和断路器跳闸回路）供电。由于储能电容器容量的限制，事故时只能短时间向重要负荷供电，所以，很难满足一次系统和继电保护复杂的发电厂和变电站的要求。因此，它只适用于 35kV 及以下电压等级的小容量变电站；或用于继电保护较简单的 110kV 及以下电压等级的终端变电站。对于发电厂远离主厂房的辅助设施，如水源地、二次灰浆磅房等的直流负荷，常采用这种电源供电。

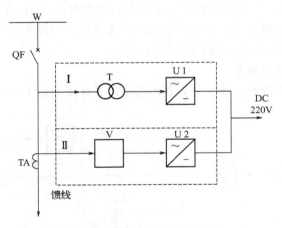

图 7-2　复式整流直流电源框图

I—电压源；II—电流源

2. 交流操作电源

交流操作电源直接使用交流电源。其供电的方式一般采用：由电流互感器向断路器的跳闸回路供电；由厂（站）用变压器向断路器的合闸回路供电；由电压互感器（或厂用变压器）向控制、信号回路供电。

交流操作电源接线简单，维护方便，投资少，但其技术性能不能满足大、中型发电厂和变电站的要求。因此，它只适用于不重要的终端变电站，或用于发电厂远离主厂房的辅助设施。

第二节　蓄电池直流系统

蓄电池按其电解液不同可分为酸性蓄电池和碱性蓄电池两种。

酸性蓄电池常采用铅酸蓄电池。铅酸蓄电池电压较高（2.15V），冲击放电电流较大，适用于断路器跳、合闸的冲击负荷。但是酸性蓄电池寿命短，充电时逸出有害的硫酸气体，因此，蓄电池室需设较复杂的防酸和防爆设施。酸性蓄电池一般适用于大型发电厂和变电站。

碱性蓄电池有铁镍、镉镍等几种。碱性蓄电池体积小，寿命长，维护方便，无酸气腐蚀，但事故放电电流较小，适用于中、小型发电厂和 110kV 以下的变电站。发电厂和变电站常采用镉镍碱性蓄电池。

一、蓄电池的容量

蓄电池的容量（Q）是蓄电池蓄电能力的重要标志。容量 Q 是在指定的放电条件（温度、放电电流、终止电压）下所放出的电量，称为蓄电池的容量，单位用"A·h（安培·小时）"表示。蓄电池放电至终止电压的时间称放电率，单位为"h（小时）率"。

蓄电池的容量一般有额定容量和实际容量两种。

1. 额定容量

额定容量是指充足电的蓄电池在 25℃ 时，以 10h 放电率放出的电能，即

$$Q_N = I_N t_N$$

式中 Q_N——蓄电池的额定容量，A·h；

I_N——额定放电电流，即10h放电率的放电电流，A；

t_N——放电至终止电压的时间，一般 t_N 等于10h。

2. 实际容量

蓄电池的实际容量与温度、放电电流、电解液的密度及质量、充电程度等因素有关，因此实际容量为

$$Q = It$$

式中 Q——蓄电池的实际容量，即放电电流为 I 时的容量，A·h；

I——非10h放电率的放电电流，A；

t——放电至终止电压的时间，h。

蓄电池的实际容量与放电电流的大小关系甚大，以大电流放电，到达终止电压的时间就短；以小电流放电，到达终止电压的时间就长。通常用放电率来表示放电至终止电压的快慢。放电率可用放电电流表示，也可用放电到终止电压的时间表示。

例如：额定容量为216A·h的蓄电池，若用电流表示放电率，则为21.6A率；若用时间表示，则为10h率。如果放电电流大于21.6A，则放电时间就小于10h，而放出的容量就小于额定容量。假设以2h放电率放电，达到终止电压所放出的容量只有额定容量的60%，即130A·h左右，这是因为极板的有效物质很快形成了硫酸铅，它堵塞了极板的细孔，因而细孔深处的有效物质就失去了与电解液进行化学反应的机会，使蓄电池的内阻很快增大，端电压很快降低到终止电压。相反，若放电电流小于21.6A，则放电时间就大于10h，此时放出的容量大于额定容量。

蓄电池不允许用过大的电流放电，但是它可以在几秒钟的短时间内承担冲击电流，此电流可以比长期放电电流大得多，因此，可作为电磁型操作机构的合闸电源。每一种蓄电池有其允许的最大放电电流值，其允许的放电时间约为5s。

二、蓄电池的直流电源系统及运行方式

1. 蓄电池的直流电源系统

蓄电池的直流电源系统是由充电设备、蓄电池组、浮充电设备和相关的开关及测量仪表组成，如图7-3所示。

图中，硅整流器U1为充电设备，它在充电过程，除了可向蓄电池组提供电源外，还可以担负母线上的全部直流负荷。在整流器U1回路中装有双投开关QK3，以便使在整流器U1既可对蓄电池进行充电（触点2-3、5-6接通），也可以直接接入母线上，接带直流负荷（触点1-2、4-5接通）。在其出口回路中，装有电压表PV2和PA3，用以监视端电压和充电电流。为了便于蓄电池放电，整流器U1宜采用能实现逆变的整流装置。

整流器U2为浮充电设备，它在浮充电过程中，除了接带母线上的经常性负荷外，同时以不大的电流（其值约等于 $0.03 \times Q_N/36A$）向蓄电池浮充电，用以补偿蓄电池的自放电损耗，使蓄电池经常处于充满电状态。在整流器U2回路中装有双投开关QK4，以便使整流器U2既可以接入母线（触点1-2、4-5接通），接带母线上经常性负荷和向蓄电池浮

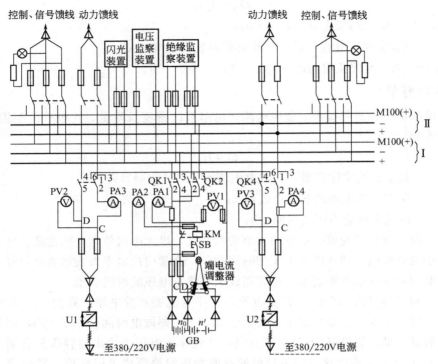

图 7-3　蓄电池的直流系统

充电充电充电；也可以对蓄电池进行充电（其触点 2-3，5-6 接通）。在其出口回路装有电压表 PV3 和电流表 PA4，用以监视电压和浮充电流。

　　蓄电池回路中装有两组开关 QK1、QK2，熔断器，两只电流表 PA1、PA2 和一只电压表 PV1。QK1 和 QK2 可以将蓄电池切换至任一组直流母线上运行。熔断器作为短路保护。电流表 PA1 为双向电流表，电流表 PA2 用来测量浮充电电流，正常时被短接，测量时可利用按钮 SB 使接触器 KM 的常闭触点断开后测量；电压表 PV1 用来监视蓄电池端电压。

　　蓄电池组 GB 是由不参加调节的基本（固定）蓄电池（n_0）和参加调节的端电池（n'）两部分组成。采用端电池的目的是为了调节蓄电池的接入数目，以保证母线电压稳定。端电池通过端电池调整器进行调节，端电池调整器进行调节，端电池调整器的工作原理如图 7-4 所示。

　　图中有一排相互绝缘的固定金属片 1，它分别连接到端电池的端子上。放电手柄 S1 和充电手柄 S2（在图 7-5 中示出），分别带动两个可动触头 2 和 3，以免在调整过程中，当可动触头由一个金属片移至另一个金属片时，造成回路开路（即在调整过程中，先使触头 2 和 3 跨接在相邻的两个金属片上，并通过电阻 R 连接，然后再断开触头 2，完成一次调节）。端电池调整器可以手动控制，也可以用电动机远程控制，一般采用电动机远方控制。

　　图 7-3 所示的蓄电池直流系统采用了双母线系统，供电可靠性较高，一般适用于中、小型发电厂。对于大型发电厂，往往采用两组 220V 蓄电池，每组蓄电池分别连接在一组母线上，浮充电设备也采用两套，充电设备可公用一套。

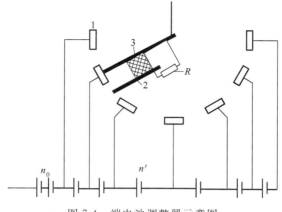

图 7-4　端电池调整器示意图

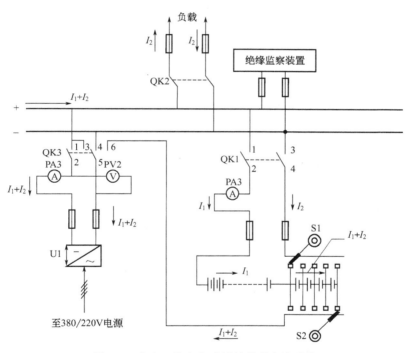

图 7-5　充电—放电方式运行的蓄电池系统

　　每组母线上各装有一套电压监察装置和闪光装置，而绝缘监察装置的表计部分为两组母线共用；信号部分各母线单独使用一套。负荷馈线的数目可根据需要决定。

　　蓄电池的运行方式有充电—放电方式和浮充电方式两种，其中以浮充电方式应用最为广泛。

2. 充电—放电运行方式

　　充电—放电运行方式就是将已充好电的蓄电池接带全部直流负荷，即正常运行是处于放电工作状态，如图 7-5 所示。为了保证操作电源供电的可靠性，当蓄电池放电到一定程度后，应及时进行充电，故称之为充电—放电运行方式。通常，每运行 1～2 昼夜就要充电一次。可见，充电—放电运行方式操作频繁，蓄电池容易老化，极板也容易损坏，所以这种运行很少采用。

放电手柄 S1 的作用是在蓄电池端电压变化时，调整端电池的接入数目，用以维持直流母线工作电压。充电手柄 S2 的作用是在充电时，将已充好电的端电池提前停止充电。

蓄电池放电的最初阶段，放电手柄 S1 处于最左（即端电池和基本电池之间）位置，双投开关 QK3 处于断开（其触点 1-2、2-3、4-5、5-6 均断开）位置，QK1 处于接通（其触点 1-2 和 3-4 接通）位置，则蓄电池接入母线，接带直流负荷。

在放电过程中，蓄电池的端电压要降低，为了保持母线电压恒定，要经常将放电手柄 S1 向右移动，用以增加蓄电池接入母线的数目。

当蓄电池放电至终止电压，放电手柄 S1 移到最右端，将全部蓄电池（包括基本电池和端电池）都接入，以保证母线电压。所以，对于额定电压为 220V 的蓄电池，全部蓄电池的个数 n 有以下两种计算方法。

对发电厂 $\qquad n=\dfrac{U_\mathrm{m}}{U_1}=\dfrac{230}{1.75}=131$（个）

对变电站 $\qquad n=\dfrac{U_\mathrm{m}}{U_1}=\dfrac{230}{1.95}=118$（个）

式中　　n——蓄电池总数；

$\qquad U_\mathrm{m}$——直流母线电压，对 220V 直流系统 U_m 为 230V，对 110V 直流 U_m 为 115V；

$\qquad U_1$——放电终了每个蓄电池的电压，对发电厂 U_1 为 $1.75\sim1.8V$，对变电站 U_1 为 $1.95V$。

由于交流系统可能在蓄电池任何放电程度下发生故障。为了保证直流系统供电的可靠性，在蓄电池放电到额定电压的 $75\%\sim80\%$（未放电至终止电压）时应停止放电，准备充电。

充电时，先将双投开关 QK3 合至充电位置（即触点 2-3 和 5-6 接通），QK1 仍处于合闸位置，使整流器 U1 与蓄电池并联运行，然后启动整流器 U1，并使其端电压略高于母线电压 $1\sim2V$，稍提高整流器 U1 端电压的目的是为了使整流器 U1 接带母线上的全部负荷（全部负荷电流为 I_2），同时还向蓄电池充电（充电电流为 I_1）。

在充电过程中，随着充电的进行，蓄电池端电压逐渐上升，充电电流 I_1 逐渐减少，为了维持恒定的充电电流，需不断地提高整流器 U1 端电压；为了保持母线的正常工作电压，必须将放电手柄 S1 向左逐渐移动，用以减少接入母线上的蓄电池数目。放电手柄 S1 左移后，使流过接入两个手柄之间的端电池的充电电流增大为 I_1+I_2（参照图 7-5），而且这部分端电池接入放电时间较迟，放电较少，因此它们先充好电。为了防止端电池过充电。在充电过程中，应将充电手柄 S2 逐渐向左移动，将充好电的端电池提前停止充电。

充电终止，每个蓄电池的端电压约为 2.7V，放电手柄 S1 已移到最左位置，此时接入母线上的蓄电池就是不参加调节的基本电池，对于额定电压为 220V 的蓄电池，基本电池的数目为

$$n_0=\dfrac{U_\mathrm{m}}{U_2}=\dfrac{230}{2.7}=85$$

式中　　n_0——基本电池数，个；

$\qquad U_2$——充电结束每个电池的电压，一般为 2.7V。

而端电池数目（n'）的计算方法如下：

对发电厂　$n'=130-85=45$（个）

对变电站　$n'=118-85=33$（个）

3. 浮充电运行方式

浮充电运行方式就是将充好电的蓄电池 GB 与浮充电整流器 U2 并联运行，整流器 U2 接带母线上的经常性负荷，同时向蓄电池浮充电，使蓄电池经常处于充满电状态，以承担短时的冲击负荷。浮充电运行方式既提高了直流系统供电的可靠性，又提高了蓄电池的使用寿命，所以得到了广泛应用。

浮充电运行方式可用图 7-3 所示系统来加以说明。正常运行（即浮充电状态）时，开关 QK1 和 QK2 处于合闸位置（1-2，3-4 接通），QK4 置正常（1-2，4-5 接通）位置，使蓄电池经常处于充满电状态。此时整流器 U2 与蓄电池并联运行，由于蓄电池自身内阻很小，外特性 $U=f(I_L)$ 比整流器 U2 的外特性平坦得多，因此在很大冲击电流情况下，母线电压虽有些下降，但绝大部分电流由蓄电池供给。此外，当交流系统发生故障或整流器 U2 断开的情况下，蓄电池将转入放电状态运行，承担全部直流负荷，直到交流电压恢复。蓄电池一般应由充电设备预先充好电，再将浮充整流器 U2 投入运行，才能转入正常的浮充电状态。

可见，蓄电池按浮充电方式，大大减少了充电次数。除了由于交流系统或浮充整流器 U2 发生故障，蓄电池转入放电状态运行后，需要进行正常充电外，平时每个月只进行一次充电，每三个月进行一次核对性放电，放出额定容量的 $50\%\sim60\%$，终期电压达到 1.9V 为止；或进行全容量放电，放电至终止电压（1.75～1.8V）为止。放电结束应进行一次均衡充电（或称过充电），这是为了避免由于浮充电控制的不准确，造成硫酸铅沉淀在极板上，影响蓄电池的输出容量和降低其使用寿命。

第三节　硅整流电容储能直流电源系统

硅整流直流电源与蓄电池相比，由于具有寿命长、投资省、维护简便、占地面积小等优点，在中小型变电站中得到应用，尤其是 35kV 及以下变电站应用更广泛。但硅整流电源是一种非独立式电源，与一次交流系统的运行工况有关。由于操作电源的重要性，必须采取相应措施才能保证和提高该种电源的可靠性。

一、保证供电可靠性的措施

保证整流式电源供电可靠性的措施有很多，这里仅介绍两种主要措施。

① 采用可靠的交流电源。整流装置的输入电源一般是交流 380V，它直接影响到整流式电源的输出，为保证该电源的可靠性，一般需要采用两路互为备用的所有电源作为交流输入。可采用以下两种

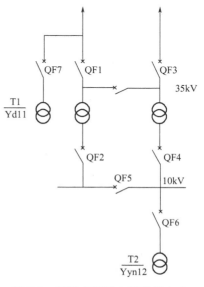

图 7-6　所用变压器电源引接方式

方法。

    a. 一路取自本所的所用变电站，另一路取自与本所无直接电气联系的电源。

    b. 若变电站所用的主接线在高压侧有断路器时，一台所用变压器接在电源进线断路器外侧，如图 7-6 所示，所用变压器 T1 接在电源进线断路器 QF1 的外侧，所用变压器 T2 接在负荷母线上。由于主变压器通常采用 Yd11 接线，若两台所用变压器采用 Yyn12 接线方式，在运行中，必须一台运行，另一台备用。在低压侧装有备用电源自动装置，可进行自动投切。

    ② 在一次交流系统故障情况下，为了保证向重要的继电保护、断路器的跳闸及自动装置可靠供电，可以采用储能电容器和复式整流的方法。

二、硅整流电容储能直流系统

    硅整流电容储能直流电源系统的接线如图 7-7 所示。由图可见，该电源由两组整流器 U1、U2，两组储能电容器 C_I、C_{II}，两台隔离变压器 T1、T2 及相应的开关、电阻、二极管、熔断器等组成。

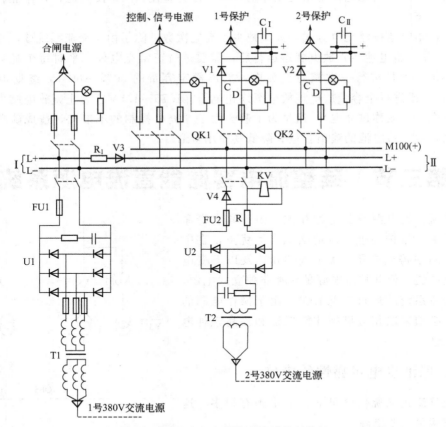

图 7-7　硅整流电容储能直流系统的接线

1. 直流母线

    图 7-7 中左侧母线为合闸母线 I（L＋，L－），右侧母线为控制母线 II（L＋，L－）。合闸母线接断路器的合闸回路（尤其是具有电磁操作机构的断路器合闸线圈回路的供电），

同时兼向控制母线负荷供电。控制母线仅作为控制、保护和信号回路供电。在两母线之间设有逆止元件——二极管 V3，防止合闸母线或断路器合闸时，控制母线电压严重下降，影响控制和保护回路供电的可靠性，同时也为了避免 U2 过流。限流电阻 R_1 用于限制流过 V3 的电流，保护 V3。

2. 整流回路

图 7-7 系统中设有两回整流电路，分别接在合闸母线和控制母线上。左侧为三相整流回路，容量大，接在合闸母线上，该回路由三相隔离变压器 T1、作短路保护的熔断器、三相桥式整流器 U1、刀开关组成。整流器输出并联的电阻和电容串联电路起过电压保护和吸收缓冲电能的作用。右侧为单相整流电路，容量小，接在控制母线上。该回路由隔离变压器 T2、单相桥式整流器 U2、熔断器 FU2、二极管 V4、电压继电器 KV 等组成。继电器 KV，用于监视 U2 的输出电压，当 U2 输出电压降低到规定值或消失时，KV 返回，发预告信号，故也称电源监视继电器。二极管 V4 起隔离和逆止作用，防止 U2 输出电压消失后，因母线 Ⅰ 供电，KV 不能动作。

隔离变压器 T2 的二次侧设有抽头，可实现电压调节。

应用现代电力电子器件构成的可控 AC—DC 装置的整流回路，通过调节电路，可实现自动电压调节，能使直流母线电压达到很高的稳定度。

3. 储能电容器

正常运行时，储能电容器进行浮充储能（补充泄漏的电量）；在交流系统故障或整流装置故障时，保证对重要负荷的持续供电。

直流电源系统中设有两组储能电容器 $C_Ⅰ$、$C_Ⅱ$，$C_Ⅰ$ 向 6～10kV 线路的继电保护和跳闸回路供电；$C_Ⅱ$ 向主变压器和电源进线的继电保护和跳闸回路供电。这样，当 6～10kV 线路发生故障，继电保护动作而断路器操作机构失灵拒绝动作（此时由于跳闸线圈长时间通电，已将电容器 $C_Ⅰ$ 的电量耗尽）时，主变压器过电流保护仍可利用 $C_Ⅱ$ 的储能动作跳闸。

逆止元件 V1、V2 是为了防止电源电压降低时，储能电容器向控制母线及其他元件放电，也可避免两组电容器向同一保护回路供电。

电容器分组应根据变电所的接线和各侧电源的情况而定，一般变电所有几级保护，就需装设几组电容器储能装置。如按电压等级分组，6～10kV 线路设一组电容器，主变压器保护和电源进线保护单独设一组电容器，也有按保护动作时间分组设置电容器的。

三、储能电容器的检查

电容器储能装置在运行过程中，应加强日常监视和维护，防止电容器的开路和失效。电容器储能装置的日常检查内容有电压、泄漏电流、容量和熔断器的完好性检查。

储能电容器检查装置的电路如图 7-8 所示。由图可见，该检查装置由继电器、转换开关、按钮和测量仪表等组成。

1. 电压检查

储能电容器电压是利用转换开关 SM1 和电压表 PV 进行检查的。转换开关 SM1 可选测 $C_Ⅰ$ 或 $C_Ⅱ$ 的电压，在图 7-8 所示位置，PV 接在 $C_Ⅰ$ 上，PV 上指示 $C_Ⅰ$ 上的电压；若将

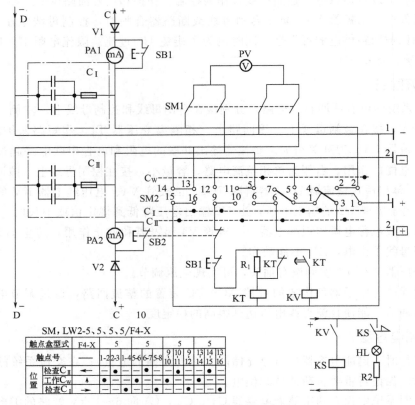

图 7-8 储能电容检查装置电路

触点盒型式	F4-X	5		5		5		9 11 10	9 12	13 15 14	14 16 13
触点号	—	1-2	2-3	1-4	5-6	6-7	5-8				
位置 检查C_II ←		•		•		—		•		•	
工作C_w		—		•		•			•		•
检查C_I →		—		•		•			•		•

SM1 投向右边，则 PV 指示 C_{II} 的电压。

2. 泄漏电流检查

储能电容器泄漏电流的大小可利用浮充运行时的浮充电流大小来反映。该装置由测试按钮 SB1、SB2 和电流表 PA1、PA2 组成泄漏电流测量回路。由于 SB1 和 SB2 的常闭触头将电流表 PA1 和 PA2 短接，所以，平时电流表无指示（为零）。当检查泄漏电流时，按下对应按钮，电流表则串联接入电容器电路，就测试得到储能电容器泄漏电流值，例如，按下 SB1，PA1 接入电路，则显示 C_I 的泄漏电流值。当检查完毕，断开按钮，电流表再次被短接。

在按下测试按钮 SB1 或 SB2 时，其常闭触头同时也将断开了储能电容器的容量检查电路。

3. 容量检查

储能电容器的容量检查电路由时间继电器 KT、电压继电器 KV、电阻 R_1、信号继电器 KS、信号灯 HL 和转换开关 SM2 组成。SM2 选用的是 LW2-5、5、5、5/F4-X 型转换开关，它有三个位置："工作（C_w）位置"、"检查（C_I）位置"、"检查（C_{II}）位置"。

该装置进行容量检查的根据是：储能电容器在一定的放电时间后（通过时间继电器放电），若仍能使电压继电器 KV 动作，表示容量充足。若不能使电压继电器动作，则表示容量不足。下面以检查 C_I 容量为例说明该回路的检查原理。

电气二次回路及其故障分析

正常工作期间，转换开关 SM2 在 Cw 工作位置，其触点 1-2、5-6、9-10、13-14 接通，C_I 经触点 1-2 向 1 路控制母线＋、－由供电，C_{II} 经触点 5-6 向 2 路控制母线＋、－由供电。

当检查 C_I 时，将 SM2 切换到 C_I 操作位置，其触点 1-4、5-8、9-12、13-16 接通，此时 C_{II} 继续运行，并经触点 1-4、5-8 和 13-16 向 2 路控制母线和 1 路控制母线＋、－供电。而电容器 C_I 处于被检查的放电状态，即 C_I 经 SM2 的 9-12、SB1 常闭触头、KT 瞬动常闭触头、KT 线圈，接入容量检查电路。时间继电器受电动作，KT 瞬动常闭触头断开，同时电阻 R_1 串入电路，减缓 C_I 向 KT 线圈放电速度。当延时时间到，KT 延时闭合常开触点闭合，KV 线圈得电，若 C_I 容量充足，C_I 的残压大于 KV 动作电压，则 KV 动作，其常开触点闭合。启动信号继电器 KS，并使信号灯 HL 点亮，表明电容器 C_I 容量充足；若容量不足，C_I 残压小于 KV 动作电压，则 KV 不动作。

检查 C_{II} 的容量，方法与 C_I 一样，此时应将 SM2 切换到 C_{II} 位置。

第四节　直流电源系统绝缘监察装置

直流系统在发电厂和变电站中具有重要的位置。要保证一个发电厂或变电站长期安全运行，其因素是多方面的，其中直流电源系统的绝缘问题是不容忽视的。发电厂、变电站的直流电源系统比较复杂，通过电缆沟与室外配电装置的端子排、端子箱、操作机构箱等相连接，由于电缆破损、绝缘老化、受潮等原因发生接地的可能性比较多，若发生直流电源系统一点接地时，虽然没有短路电流，熔断器不会熔断，仍可继续运行，但是这种接地故障必须及时发现、及时消除，否则会引起信号回路、控制回路、继电保护及自动装置回路误动作。通常要求直流电源系统的各种小母线、端子回路、二次电缆对地的绝缘电阻值用 500V 摇表测量，其值不得小于 0.5MΩ。直流回路绝缘的好坏必须经常地进行监视，否则会给运行带来许多不安全的因素。

直流电源系统接地的危害现以图 7-9 为例说明。当图 7-9 中 A 点与 C 点同时有接地出现时，等于 L＋、L－通过大地形成短路回路，可能会使熔断器 1FU 或 2FU 熔断而失去保护电源；当 B 点与 C 点同时有接地出现时，等于将跳闸线圈 TQ 短路，即使保护正常动作，跳闸线圈 TQ 也不会启动，断路器就不会跳闸，因此在有故障的情况下就要越级跳闸；当 A 点与 B 点或 A 点与 D 点同时接地时，就会使保护误动作而造成断路器跳闸。直流接地的危害不仅仅是以上所谈的几点，还有许多，在此不一一介绍了。

由于发生直流接地将会产生许多危害，所以对直流电源系统需要有专门的监视其绝缘状况的装置，它能及时地将直流电源系统的故障提示给值班人员，以便迅速检查处理。直流电源系统绝缘监视装置的电路如图 7-10 所示，图中，通过转换开关 1ZK 可以对两组直流母线进行绝缘测量、绝缘监视及电压测量。

1. 母线对地电压和母线电压的测量

图 7-10 中，母线对地电压是采用一只直流电压表 V2 和一只转换开关 CK 来切换测量的，当 CK 触点①-②和⑨-⑩闭合，可测出正极对地电压，若 CK 触点①-④和⑨-⑫闭合，可测量负极对地电压。如果直流电源系统绝缘良好，则两次正、负极电压对地测量中电压表 V2 的指针应不动。在不进行正、负对地电压测量时，转换开关 CK 的①-②和⑨-⑫触

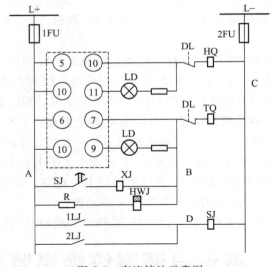

图 7-9　直流接地示意图

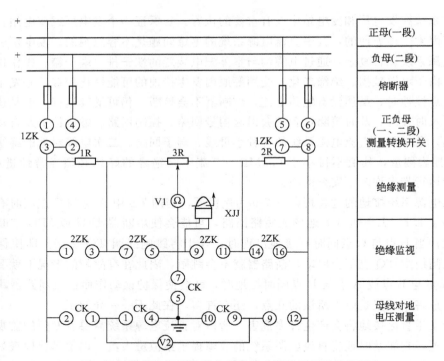

图 7-10　直流电压测量及直流绝缘监视装置原理接线图

点闭合，电压表 V2 指示出直流母线间电压值。

2. 绝缘监视

图 7-10 所示的绝缘监视装置能在某一极绝缘下降到一定数值时自动发出信号。其监视部分由电阻 1R、2R 和一只内阻较高的绝缘监视继电器 XJJ 构成。当不测量母线对地电压时，CK 触点⑤-⑦及 2ZK 触点⑦-⑤和⑨-⑪都在闭合状态。电气接线图如图 7-11 所示。

1R 和 2R 与正极对地绝缘电阻 R3 和负极对地绝缘电阻 R4 组成了电桥，XJJ 相当于

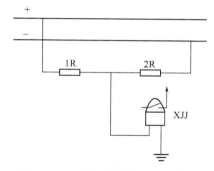

图 7-11 绝缘监视部分电气接线图

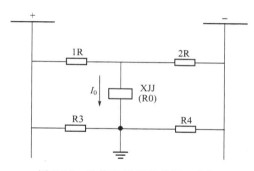

图 7-12 绝缘监视部分的原理分析

一个检流计，如图 7-12 所示。

绝缘监视继电器 XJJ 自动发出信号的原理：通常，1R 和 2R 皆为 1kΩ。正常运行时，正、负极对地绝缘电阻较大，可假设 R3 和 R4 阻值相同，电桥处理平衡状态，故 XJJ 线圈中没有电流，继电器 XJJ 不动作。当任一极对地电阻下降时，电桥将失去平衡，XJJ 线圈中将有电流流过，当电流足够大时，继电器 XJJ 就动作，自动发出信号，如图 7-10 所示。

在绝缘监视时，由于 XJJ 是接地的，使直流电源系统中存在了一个接地点。如果在直流二次回路中任一中间继电器 ZJ 之前再发生接地，继电器 ZJ 有可能会产生误动作，如图 7-13 所示。因此，对继电器 XJJ 应满足两个要求：一是 XJJ 内阻要足够大，在直流电源系统中所接入最灵敏的中间继电器之前发生接地故障时，该中间继电器应保证不动作，为满足此要求，一般在 220V 和 110V 直流电源系统中 XJJ 继电器内阻应分别为 $20\sim30k\Omega$ 和 $6\sim10k\Omega$；二是 XJJ 的整定值要足够灵敏，当在直流电源系统中最灵敏的中间继电器之前发生接地故障时能

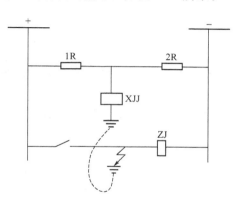

图 7-13 绝缘监视部分使
继电器误动分析

动作发出信号，即当直流电源系统中任一极对地绝缘电阻小于最灵敏的中间继电器的内阻时，绝缘监视继电器 XJJ 应能有 2mA 左右的动作电流值。

3. 绝缘监测

绝缘监测部分由 1R、2R、电位器 3R、转换开关 2ZK 和一只高内阻磁电式电压表 V1（又称欧姆表）组成（见图 7-10）。欧姆表 V1 的标尺是双向的，刻成欧姆数或兆欧数，其内阻为 100kΩ，欧姆表的一端接到电位器 3R 的滑动触头上，另一端经 CK 的⑤-⑦触点接地。1R、2R 和 3R 的阻值相等，都为 1kΩ。

平时 2ZK 的①-③和⑭-⑯两对触点断开，由于正、负极对地绝缘电阻较大，可以认为它们相等（即 $R_3=R_4$），将电位器 3R 的滑动触头调节在中间，则电桥处于平衡状态，欧姆表上的读数为无穷大。这和绝缘监视部分原理相同，见图 7-12。

当某一极对地绝缘电阻下降时，例如负极对地绝缘电阻 R4 下降，则电桥失去平衡，欧姆表指针 V1 指针偏转，指出负极对地绝缘电阻下降。若欲测量直流电源系统对地绝缘

电阻，先将 2ZK 的⑭-⑯触点闭合，短接 2R，调节电位器 3R（见图 7-14），使电桥重新平衡，欧姆表上读数为无穷大，随后转动 2ZK，使⑭-⑯触点断开，而①-③触点闭合，这时 V1 指针指示出直流系统对地的绝缘电阻。若正极对地绝缘电阻 R3 下降，测量时应将 2ZK 的①-③触点闭合，短接 1R，调节电位器 3R，使电桥重新平衡，欧姆表上读数为无穷大时，再转动 2ZK 使①-③触点断开，⑭-⑯触点闭合，这时 V1 就指示出直流电源系统对地的绝缘电阻了。

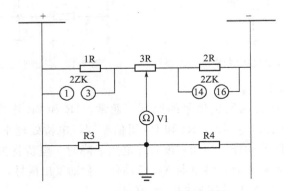

图 7-14 绝缘监视测量部分的原理接线图

第五节 直流操作电源系统常见故障及处理

一、双蓄电池组直流电源引起综合重合闸不启动故障

1. 事故现象

某（220kV）变电站于 1998 年 12 月新建投产，投运一年后进行全站保护定期试验。继电保护人员在进行 220kV 线路 Y08 保护带断路器及综合重合闸装置整组试验时，发现模拟线路各相单相接地瞬时故障时，LFP-902A 零序保护动作，但相应故障相断路器不能单跳单重。

2. 事故原因分析

① Y08 线路按双高频保护设置，每套保护中各自带有综合重合闸装置。

a. 一套保护装置为 LFP-902A 微机型，配有 SF-600 型收发信机，组合成 PLP02-16 型保护屏，是南瑞公司 1998 年产品。

b. 另一套保护装置为 WXH-11C/X 微机型，配有 SF-500 型发信机，组合成 PXH-306X 型保护屏。

c. ZFZ-12X/G 型分相操作箱、ZDS-33X 型断路器失灵保护、ZYQ-31X 型电压切换箱组合成 PXH—345X/H 型保护屏。

d. 直流电源系统由两组 220V 相互独立的充电装置和蓄电池组组成。

② 故障时天气情况：多云。

③ 继电保护人员在校验完 Y08 线路各保护装置后，对 WXH-11C/X 保护带断路器及综合重合闸装置进行了单跳单重方式下的联动整组试验：模拟线路相间故障，相间保护动

作，断路器三相跳闸不重合；模拟线路各相单相接地瞬时故障，相关保护动作，相应故障相断路器单跳单重；模拟线路各相单相接地永久性故障，相关保护动作，断路器三相跳闸不重合，信号动作都正确，合格。

④ 对 LFP-902A 保护带断路器及综合重合闸装置进行单跳单重方式下的联动整组试验：模拟线路相间故障和各相单相接地永久性故障时，相关保护动作，断路器三相跳闸不重合；但模拟线路各相单相接地瞬时故障时，相关保护动作，断路器却是三相跳闸不重合，相应故障相不能单跳单重。

⑤ 根据打印出的 LFP-902A 保护整定值清单，检查各项整定值都是按整定通知单正确执行。保护软压板、硬压板投切正确。

⑥ 询问投产时交接性试验工作人员，答复为当时 LFP-902A 保护带断路器及综合重合闸装置单跳单重方式下的联动整组试验中，模拟线路各相单相接地瞬时故障时，相关保护动作，相应故障相断路器能单跳单重。从保护装置到二次接线，从整定值到压板，都未更改过，不知问题出自何处。

⑦ 对 Y08 分相操作箱中"重合闸重动中间继电器"ZHJ 的动作情况观察，当用 WXH-11C/X 保护模拟线路各相单相接地瞬时故障时，相关保护动作，相应故障相断路器单相跳闸，ZHJ 动作，断路器单相重合成功；当用 LFP-902A 保护模拟线路各相单相接地瞬时故障时，相关保护动作，相应故障相断路器单相跳闸，ZHJ 不动作，断路器单相不重合而是跳三相。由此看来问题的关键在分相操作箱中的 ZHJ 是否动作。

⑧ 查阅图 7-15 的二次接线图了解到分相操作箱中"重合闸重动中间继电器 ZHJ"是由 WXH-11C/X 保护的综合重合闸出口中间继电器动合触点"ZHJ-1"或 LFP-902A 保护装置的综合重合闸继电器出口中间动合触点"HJ1"（ZHJ-1 和 HJ1 都为各厂家设备图样编号）任一触点闭合才能启动。最初怀疑是 LFP-902A 保护装置的综合重合闸未启动，"HJ1"动合触点不闭合，引起 ZHJ 不动作。于是测试 LFP-902A 保护屏端子排端子 1D18 与 4D86 之间电压为"+220V"，表明"HJ1"动合触点接入正电源一端的接线正确。再用 LFP-902A 保护模拟线路单相接地瞬时故障，断路器单相跳闸，在 LFP-902A 保护装置综合重合闸动作时，测试端子 1D74 与 4D86，4D104 与 4D86 之间电压都为"+220V"。说明 LFP-902A 保护装置的综合重合闸已启动，其出口动合触点"HJ1"闭合，正电位已到达分相操作箱中 ZHJ 线圈的正极端，但是 ZHJ 还是不动作。单独试验 ZHJ，启动电压为 135V，返回电压为 45V，合格。为何用 LFP-902A 保护装置的综合重合闸出口动合触点闭合的 220V 电压却不能使 ZHJ 动作呢？

⑨ 继续检查，将 WXH-11C/X 保护装置电源断开，只用 LFP-902A 保护装置电源，测试端子 1D18 与 4D86 之间电压只有 3V 左右，测试端子 1D18 对地电压为"+110V"，端子 4D86 对地电压为 0V。用 LFP-902A 保护模拟线路单相接地瞬时故障时，保护动作，断路器单相跳闸，综合重合闸动作，ZHJ 还是不动作，此时分别测试端子 1D18 对地电压为"+110V"，端子 4D86 对地电压也为"+110V"。判断分相操作箱电源与 WXH-11C/X；P 保护装置共用一组直流电源，与 LFP-902A 保护装置不共用一组直流电源。

⑩ 检查 WXH-11C/X 保护装置电源和 LFP-902A 保护装置电源运行状况，发现在设计和安装中，它们都分别可以由 1♯蓄电池组经 1♯直流馈线屏和由 2♯蓄电池组经 2♯直流馈线屏供给直流电源。目前 WXH-11C/X 保护装置和分相操作箱是由 1♯蓄电池组经 1♯直流

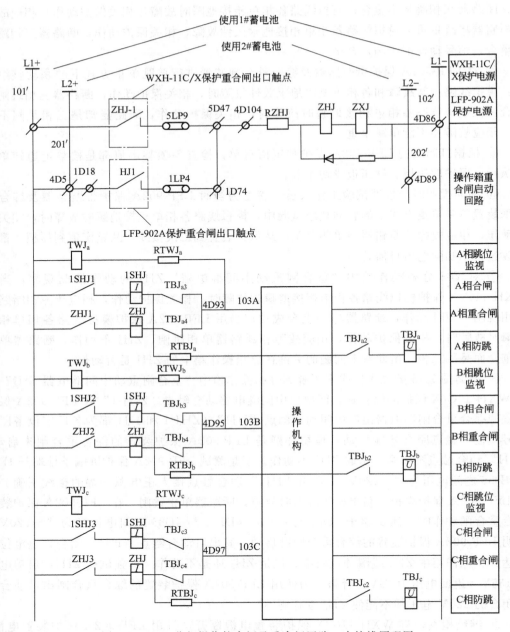

图 7-15　Y08 分相操作箱合闸及重合闸回路二次接线原理图

馈线屏供给电源，LFP-902A 保护装置是由 2♯蓄电池组经 2♯直流馈线屏供给电源。

⑪ 回路分析：由于 WXH-11C/X 保护装置与分相操作箱中重合闸重动中间继电器 ZHJ 是共用 1♯蓄电池组直流电源，当用 WXH-11C/X 保护模拟 Y08 线路单相接地瞬时故障时，WXH-11C/X 相关保护动作，断路器单相跳闸。WXH-11C/X 保护装置的综合重合闸随之启动，其出口动合触点 ZHJ-1 闭合引入的正电源与 ZHJ 使用的负电源同为 1♯蓄电池组电源，构成闭合回路，ZHJ 动作，断路器单相重合成功。

而 LFP-902A 保护装置是由 2♯蓄电池组供给直流电源，1♯蓄电池组和 2♯蓄电池组相互独立。当用 LFP-902A 保护模拟线路各相单相接地瞬时故障时，相关保护动作，相应故障相断路器单相跳闸。LFP-902A 保护装置的综合重合闸启动，其出口动合触点 HJ1 闭合，将正电位引入 ZHJ 线圈正极端。但 HJ1 使用的是 2♯蓄电池组电源，而 ZHJ 使用的是 1♯蓄电池组电源，此时 ZHJ 线圈正极端为 2♯蓄电池组正电源，ZHJ 线圈负极端为 1♯蓄电池组负电源。因 1♯蓄电池组与 2♯蓄电池组是各自独立的，相互之间不能构成闭合回路。所以 ZHJ 线圈两端电压虽然测试为 220V，但 ZHJ 线圈内却无励磁电流，ZHJ 不能启动，断路器也就不能单相重合而跳三相。

又因投产交接性试验时，WXH-11C/X 保护装置和 LFP-902A 保护装置都使用 1♯蓄电池供给直流电源，LFP-902A 保护装置综合重合闸出口动合触点 HJ1 与分相操作箱中的重合闸重动中间继电器 ZHJ 也都使用 1♯蓄电池直流电源，所以当用 LFP-902A 保护模拟线路各相单相接地瞬时故障时，相关保护动作，相应故障相断路器单相跳闸，综合重合闸动作，ZHJ 能动作，断路器能单相重合成功。

⑫ 根据回路分析，将 LFP-902A 保护屏端子排端子 1D18 与其他端子的连接线解开，将端子 1D18 与端子 4D1 用二次线连接。无论 WXH-11C/X 保护装置、LFP-902A 保护装置是使用 1♯蓄电池组，还是使用 2♯蓄电池组运行，两套保护的综合重合闸出口动合触点 ZHJ-1、HJ1 和分相操作箱的重合闸重动中间继电器 ZHJ，三者都共用一组蓄电池组直流电源（见图 7-16）。更改接线后，经模拟 Y08 线路各相单相接地瞬时故障试验，WXH-11C/X 保护装置和 LFP-902A 保护装置中，各自相关保护正确动作，相应故障相断路器单相跳闸，各自综合重合闸动作，ZHJ 正确动作，断路器都能单相重合成功，信号也都能正确动作，判断故障处理完毕。

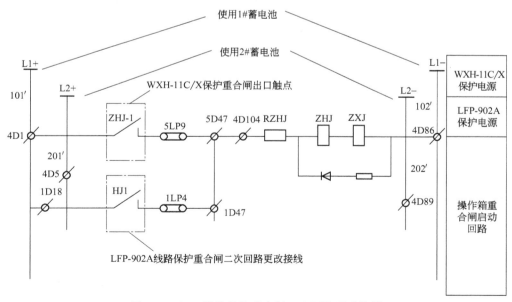

图 7-16　Y08 线路保护重合闸二次回路更改接线

3. 事故对策

由于该变电站直流电流系统为两组 220V 相互独立的蓄电池组，并且分相操作箱中重合闸重动中间继电器 ZHJ 与 LFP-902A 保护装置不共用一组蓄电池组直流电源。当模拟

Y08 线路单相接地瞬时故障时，LFP-902A 相关保护动作，断路器单相跳闸，LFP-902A 保护装置的综合重合闸动作时，经动合触点 HJ1 闭合引入的 2♯蓄电池组正电位无法与分相操作箱中重合闸重动中间继电器 ZHJ 使用的 1♯蓄电池组负电位构成闭合回路，分相操作箱中的重合闸重动中间继电器 ZHJ 不能动作，断路器不能单相重合而跳三相。故障是由设计缺陷引起的。

经过此次缺陷处理，决定对双蓄电池组直流电源系统变电站的保护装置和自动装置在直流电源的选用和装置之间的配合上进行一次全面清查，严防类似原因引起运行中的保护装置和自动装置误动作或拒动作。

二、交直流回路共用控制电缆引起直流系统接地故障

1. 事故现象

1999 年 12 月 24 日 5 时 45 分，某（220kV）变电站现场人员反映直流屏上绝缘监察装置发出"直流电源系统接地"告警信号不能复归，要求继电保护人员迅速处理。

2. 事故原因分析

① 故障时天气情况：晴天。

② 继电保护人员首先用万用表测试直流电源系统对地电压，正极对地为"0V"，负极对地为"−220V"，判断直流电源系统正极直接接地。于是在主控制室各控制屏处，采用先低压、后高压顺序，先分别取下 35kV 各线路控制电源熔断器的方式进行选线查找。当取下 35kV 补偿电容崔 43 断路器控制电源熔断器时，直流屏上绝缘监察装置的"直流电源系统接地"告警信号消失，判断崔 43 断路器控制回路有绝缘损坏故障。

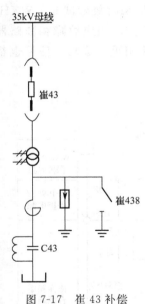

图 7-17　崔 43 补偿
电容一次接线

③ 将崔 43 断路器控制电源熔断器取下后，在崔 43 控制屏处测试各控制二次回路对地绝缘电阻值，见合闸回路编号"207"电缆芯线对地绝缘电阻值为 0MΩ。再到崔 43 断路器小车柜端子排处，将编号"207"至各设备电缆芯线解列开，测试至主控制室的电缆中"207"芯线对地绝缘电阻值为 50MΩ，合格；测试断路器至补偿电容接地刀闸崔 438 的辅助开关电缆中的"207"芯线对地绝缘电阻值为 0MΩ，不合格。判断崔 43 断路器至补偿电容的崔 438 接地刀闸辅助开关及相关室外设备的电缆绝缘损坏。于是联系电力调度将崔 43 断路器及崔 43 补偿电容停电，进行故障检查。

④ 崔 43 是该变电站的第三组 35kV 并联补偿电容器组。崔 43 断路器为户内 35kV 小车式，安装于 35kV 补偿电容配电室，35kV 补偿电容器为户外集合式，并装设有固定式安全遮栏，电容断路器柜与补偿电容器之间安装了崔 438 接地刀闸，配置有五防安全电磁式程序锁见图 7-17。保护及控制方式为主控制室集中控制，其二次回路如图 7-18，逻辑功能如下。

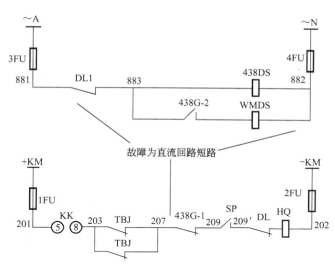

图 7-18 崔 43 补偿电容二次回路原理接线

a. 图 7-18 中崔 43 断路器合闸回路中串接了崔 438 接地刀闸辅助开关的一对动断触点 438G-1（回路编号为 207、209）和安全遮栏网门行程开关 SP 动合触点（回路编号为 209、209'）。当崔 438 接地刀闸处于合上状态时，表明补偿电容已接地，其辅助开关动断触点 438G-1 断开，将断路器合闸回路闭锁，不允许断路器带接地线操作合闸；当安全遮栏网门打开，其行程开关 SP 动合触点断开，表明安全遮栏内工作人员正在补偿电容器处停电工作，也不允许将断路器合闸。只有在工作人员全部撤离工作现场，关闭安全遮栏网门，再将崔 438 接地刀闸操作拉开时，表明补偿电容的安全措施已拆除并具备投运条件，断路器合闸回路闭锁全部打开，才许可断路器操作合闸。

b. 崔 43 断路器辅助开关有一对动断触点 DL1 接入崔 438 接地刀闸电磁锁（438DS）和安全遮栏网门电磁锁（WMDS）启动回路。当断路器处于合闸后位置时，动断触点 DL1 断开，将接地刀闸电磁锁启动回路和安全遮栏网门电磁锁启动回路都切断，表明补偿电容已处于投入运行状态，不允许带电操作合崔 438 接地刀闸，也不允许任何人员打开安全遮栏网门进入遮栏内。只有在断路器处于跳闸后位置，断路器辅助开关动断触点 DL1 闭合，才允许工作人员打开崔 438 接地刀闸电磁锁，操作接地刀闸将补偿电容接地。

c. 崔 438 接地刀闸辅助开关中有一对动合触点 438G-2 接入补偿电容安全遮栏网门电磁锁的启动回路。当崔 438 接地刀闸处于合上状态时，其辅助开关动合触点 438G-2 闭合，表明补偿电容已停电，一次部分已放电并接地，才允许工作人员打开安全遮栏网门电磁锁进入安全遮栏内，否则安全遮栏网门被锁住。

d. 崔 438 接地刀闸电磁锁及安全遮栏网门电磁锁都使用交流 220V 电源。

⑤ 在进行崔 43 补偿电容停电做安全措施时，发现崔 438 接地刀闸电磁锁不能打开，检查电磁锁交流电源，见熔断器已熔断。取下交流电源熔断器，再检查崔 43 断路器至崔 438 接地刀闸辅助开关及电磁锁之间的联系电缆，发现该电缆为交、直流回路混用的 4 芯线控制电缆，电缆芯线编号分别为 "207"、"209"（直流回路）和 "883"、"882"（电磁锁交流回路），摇测电缆芯线之间绝缘电阻值都为 0MΩ，判断该电缆内部芯线间绝缘已全部

损坏。

⑥ 将崔 43 断路器至崔 438 接地刀闸辅助开关及电磁锁之间的联系电缆，由原来交、直流回路共用一根控制电缆，更换为交、直流回路各用一根电力电缆和一根控制电缆。更换后，摇测崔 43 断路器二次回路，各回路对地及各回路之间绝缘电阻为 $50\text{M}\Omega$ 以上，合格。加用崔 43 断路器控制电源和电磁锁交流电源，直流屏上绝缘监察装置的"直流电源系统接地"，告警信号消失。再测试直流电源系统对地电压，正极对地为"$+110\text{V}$"，负极对地为"-112V"，判断直流系统接地故障消除。经操作崔 43 补偿电容顺利恢复运行。

3. 事故对策

由于崔 43 断路器至崔 438 接地刀闸辅助开关及电磁锁之间的联系电缆，在设计和安装时使用了交、直流回路共用一根控制电缆，导致运行中该电缆内部芯线间绝缘因故击穿，造成交、直流回路短路、交流电源熔断器熔断和直流电源系统接地故障。

4. 防范措施

① 检查崔 42、44、45 补偿电容，发现它们的断路器至接地刀闸辅助开关电缆，也是交、直流回路共用一根控制电缆。联系主管部门，分别对各补偿电容进行停电，并更换电缆为交、直流回路各用一根电力电缆和一根控制电缆，以防类似的交、直流回路短路故障重复发生。

② 对所辖变电站以往的控制回路电缆进行一次全面普查。凡新建或改建变电站的二次设计图样审核和二次施工过程中，应进行严格审查和质量把关。严禁交、直流回路共用一根电缆，确保电力系统的安全运行。

附录一

电气二次接线常用新旧文字符号

名　　称	符　号 单字母	符　号 多字母	名　　称	符　号 单字母	符　号 多字母
功能单元、组件电路板,控制屏台、装置	A		励磁机		GE
自动切换装置		AAC	同步发电机,发生器		GS
重合闸装置		AAR	声响指示器		HA
电源自动投入装置		AAT	电铃		HAB
振荡闭锁装置		ABS	蜂鸣器,电喇叭		HAU
载波机		AC	信号灯		HLC
中央信号装置		ACS	合闸信号灯		HLT
强行减磁装置		AED	跳闸信号灯		HLC
强行励磁装置		AEI	继电器		K
自动励磁调节装置		AER	电流继电器		KA(LJ)
按频率减负荷装置		AFL	负序电流继电器		KAN(FLJ)
故障录波装置		AFO	过电流继电器		KAO
自动频率调节装置		AFR	欠电流继电器		KAU
保护装置		AP	零序电流继电器		KAZ(LOJ)
电流保护装置		APA	控制(中间)继电器		KC(ZJ)
母线保护装置		APB	事故信号中间继电器		KCA(SXJ)
距离保护装置		APD	合闸位置继电器		KCC(HWJ)
失灵保护装置		APD	重动继电器		KCE
接地故障保护装置		APE	防跳继电器		KCF(TBJ)
(线路)纵联保护装置		APP	出口中间继电器		KCO
电压保护装置		APV	重合闸后加速继电器		KCP(JSJ)
零序电流方向保护装置		APZ	预告信号中间继电器		KCR(YXJ)
自同步装置		AS	同期中间继电器		KCS
自动准同步装置		ASA	跳闸位置继电器		KCT(TWJ)
手动准同步装置		ASM	切换继电器		KCW
收发信机		AT	差动继电器		KD(CJ)
远方跳闸装置		ATQ	电流相位比较差动继电器		KDA
故障距离探测装置		AUD	母线差动继电器		KDB
硅整流装置		AUF	接地继电器		KE(JDJ)
蓄电池组		CB(XDC)	过励磁继电器		KEO
避雷器	F		欠励磁继电器		KEU
熔断器		FU	频率继电器		KF
交流发电机		GA	差频率继电器		KFD
直流发电机		GD	过频率继电器		KFO

名　称	符　号		名　称	符　号	
	单字母	多字母		单字母	多字母
欠频率继电器		KFU	有功功率表		PPA
气体继电器		KG	无功功率表		PPR
闪光继电器		KH	时钟,操作时间表		PT
阻抗继电器		KI(ZKJ)	电压表		PV
保持继电器		KL	接触器,灭磁开关	Q(C)	
脉冲继电器		KM(XMJ)	自动开关		QA(ZK)
极化继电器		KP	断路器		QF(DL)
重合闸继电器		KRC	刀开关		QK(DK)
干簧继电器		KRD	隔离开关		QS(G)
信号继电器		KS(XJ)	接地刀闸		QSE(JDK)
收信继电器		KSR	电阻器,变阻器	R	
停信继电器		KSS	电位器		RP
启动继电器		KST	终端开关	S	(XMK)
零序信号继电器		KSZ	控制开关(手动),选择开关	S	SA(KK)
时间继电器		KT(SJ)			
分相跳闸继电器		KTF	按钮开关	S	SB(AN)
母联断路器跳闸继电器		KTW	测量转换开关	S	SM(CK)
电压继电器		KV(YJ)	自动准同步开关		SSA1(DTK)
绝缘监察继电器		KVI	自同步开关		SSA2(ZTK)
负序电压继电器		KVN(FYJ)	解除手动准同步开关		SSM(STK)
过电压继电器		KVO	手动准同步开关		SSM1(1STK)
压力监察继电器		KVP	变压器,调压器	T(B)	
电源监视继电器		KVS(JJ)	电流互感器		TA
欠电压继电器		KVU	控制电路电源用变压器		TC(KB)
零序电压继电器		KVZ	双绕组变压器,电力变压器		TM(B)
功率方向继电器		KW(GJ)			
负序功率方向继电器		KWN	转角变压器		TR(ZB)
零序功率方向继电器		KWZ	自耦变压器		TT
同步监察继电器		KY(TJJ)	电压互感器		TV
失步继电器		KYO	变换器	U	
电动机	M		电流变换器		UA
同步电动机		MS	电压变换器		UV
电流表		PA	电抗变换器		UZ
(脉冲)计数器		PC	跳闸线圈		YT
电能表		PJ	连接片		XB(LP、AP)

注：括号内为旧文字符号。

附录二

小母线新旧文字符号及其回路标号

序号	小母线名称	原编号		新编号一		新编号二	
		文字符号	回路标号	文字符号	回路标号	文字符号	回路标号
	(一)直流控制、信号及辅助小母线						
1	控制回路电源	+KM、−KM		L+、L−		+、−	
2	信号回路电源	+XM、−XM	701、702	L+、L−		+700、−700	7001、7002
3	事故音响信号(不发遥信时)	SYM	708			M708	708
4	事故音响信号(用于直流屏)	1SYM	728			M728	728
5	事故音响信号(用于配电装置时)	2SYM·Ⅰ 2SYM·Ⅱ 2SYM·Ⅲ	727·Ⅰ 727·Ⅱ 727·Ⅲ			M7271、 M7272、 M7273	7271、 7272、 7273
6	事故音响信号(发遥信时)	3SYM	808			M808	808
7	预告音响信号(瞬时)	1YBM、2YBM	709、710			M709、M710	709、710
8	预告音响信号(延时)	3YBM、4YBM	711、712			M711、M712	711、712
9	预告音响信号(用于配电装置时)	YBM·Ⅰ YBM·Ⅱ YBM·Ⅲ	729·Ⅰ 729·Ⅱ 729·Ⅲ			M7291、 M7292、 M7293	7291、 7292、 7293
10	控制回路断线预告信号	KDM·Ⅰ KDM·Ⅱ KDM·Ⅲ					
11	灯光信号	(−)XM	726			M726	726
12	配电装置信号	XPM	701			M701	701
13	闪光信号	(+)SM	100			M100	100
14	合闸	+HM、−HM		L+、L−		+ −	
15	"信号未复归"光字牌	FM、PM	703、716			M703、M716	703、716
16	指挥装置音响	ZYM	715			M715	715
17	自动调整周波脉冲	1TZM、2TZM	717、718			M717、M718	717、718

序号	小母线名称	原编号		新编号一		新编号二	
		文字符号	回路标号	文字符号	回路标号	文字符号	回路标号
18	自动调整电压脉冲	1TYM、2TYM	Y717、Y718			M7171、M7181	7171、7181
19	同步装置越前时间整定	1TQM、2TQM	719、720			M719、M720	719、720
20	同步装置发送合闸脉冲	1THM、2THM、3THM	721、722、723			M721、M722、M723	721、722、723
21	隔离开关操作闭锁	GBM	880			M880	880
22	旁路闭锁	1PBM、2PBM	880、900			M881、M900	881、900
23	厂用电源辅助信号	+CFM、−CFM	701、702	L+、L−		+701、−702	7011、7012
24	母线设备辅助信号	+MFM、−MFM	701、702	L+、L−		+701 −702	7021、7022
	(二)交流电压、同步和电源小母线						
25	同步电压(运行系统)	TQM·I、TQM·II					
26	同步电压(待并系统)	TQM·I、TQM·II					
27	同步发电机残压	TQM·I					
28	第一组或奇数母线段的电压	1YM·a、1YM·b、1YM·c、1YM·L、1SYM·c、YM·N	A630、B630、C630、L630、Sc630、N630	L1、L2、L3、N		L1-630、L2-630、L3-630	A630、B630、C630、L630、Sc630、N630
29	第二组或偶数母线段的电压	2YM·a、2YM·b、2YM·c、2YM·L、2SYM·c、YM·N	A640、B640、C640、L640、Sc640、N640	L1、L2、L3、N		L1-640、L2-640、L3-640、N	A640、B640、C640、L640、Sc640、N640
30	6～10kV 备用线段的电压	9YM·a、9YM·b、9YM·c	A690、B690、C690	L1、L2、L3		L1-690、L2-690、L3-690	A690、B690、C690
31	转角	ZM·a、ZM·b、ZM·c	A790、B790、C790	L1、L2、L3		L1-790、L2-790、L3-790	A790、B790、C790
32	低电压保护	1DYM、2DYM、3DYM	011、013、02			M011、M013、M02	011、013、02
33	电源	DYM·a、DYM·n		L1、N		L1、N	
34	旁路母线电压切换	YQM·c	C712	L3		L3-712	C712

注:1. 表中交流电压、同步电压小母线的符号和标号,适用于电压互感器二次侧中性点接地、同步设备和接线采用单相式;扩建工程小母线的符号和标号一般按原工程接线配合。

2. 母线设备控制(或继电器)屏上有几级电压小母线时,可用以下标志加以区分:

6kV 或 10kV 系统为 1YM·a-6～1YM·L-6 等;

35kV 系统为 1YM·a-3～1YM·L-3 等;

110kV 系统为 1YM·a-11～1YM·L-11 及 1SYM·c-11 等;

220kV 系统为 1YM·a-22～1YM·L-22 及 1SYM·c-22 等;

330kV 系统为 1YM·a-33～1YM·L-33 及 1SYM·c-33 等;

500kV 系统为 1YM·a-50～1YM·L-50 及 1SYM·c-50 等。